大肠埃希氏菌的耐药机制及其噬菌体生物防治

张德福 张 明 著

本书数字资源

北 京
冶金工业出版社
2024

内 容 简 介

本书围绕大肠埃希氏菌耐药株，介绍了肉品和水产品中大肠埃希氏菌耐药株的分离鉴定方法、生物学特性、耐药质粒基因组的生物信息学分析及其介导细菌耐药的机制，对大肠埃希氏菌耐药株具有生物防治作用的噬菌体的分离、鉴定及生物学特性分析、基因组生物信息学分析及其在防治大肠埃希氏菌耐药株中的应用等。

本书对于从事食品微生物、兽医微生物耐药机制研究和抗微生物药物开发、噬菌体生物防治剂开发的专业技术人员具有一定指导意义，对食品科学与工程、食品质量与安全、动物医学、水产养殖等专业的本科生、研究生的教学、实践等也具有参考价值。

图书在版编目 (CIP) 数据

大肠埃希氏菌的耐药机制及其噬菌体生物防治／张德福，张明著 . -- 北京：冶金工业出版社，2024. 9.
ISBN 978-7-5024-9930-3

Ⅰ. Q939

中国国家版本馆 CIP 数据核字第 20248FR439 号

大肠埃希氏菌的耐药机制及其噬菌体生物防治

出版发行	冶金工业出版社	**电 话**	(010)64027926
地 址	北京市东城区嵩祝院北巷 39 号	**邮 编**	100009
网 址	www. mip1953. com	**电子信箱**	service@ mip1953. com

责任编辑 于昕蕾 卢 蕊 美术编辑 吕欣童 版式设计 郑小利
责任校对 梅雨晴 责任印制 禹 蕊
北京建宏印刷有限公司印刷
2024 年 9 月第 1 版，2024 年 9 月第 1 次印刷
710mm×1000mm 1/16；8 印张；155 千字；117 页
定价 66. 00 元

投稿电话 (010)64027932 投稿信箱 tougao@cnmip. com. cn
营销中心电话 (010)64044283
冶金工业出版社天猫旗舰店 yjgycbs. tmall. com
(本书如有印装质量问题，本社营销中心负责退换)

前　言

　　抗菌药物的发现是人类医学史上的一个重要里程碑。抗菌药物显著降低了细菌感染导致的高死亡率，延长了人类的平均寿命，但是自20世纪20年代末人们发现磺胺类药物和青霉素具有抗菌作用并应用于临床实践以来，全球范围内抗菌药物与细菌间的关系出现了人们意想不到的变化——1969年美国军医局局长曾乐观地预测"现在是我们可以合上有关感染性疾病书本的时候了"，估计没有人会想到不到60年的时间竟然发展到如今人类对细菌感染可能面临无药可用的窘境。

　　20世纪40—80年代，从微生物中发现的药物及合成、半合成药物如雨后春笋般涌现；并随着发酵工业技术、基因工程技术、代谢工程技术等的发展，抗菌药物的种类也不断增加。然而，随着抗菌药物的广泛应用，细菌耐药性问题逐渐显现。细菌通过基因突变、基因交换、基因水平转移以及适应性进化等多种机制，对抗菌药物产生了耐药性。面对日益严重的细菌耐药性问题，人们积极投入新型抗菌药物的研发，然而细菌变异速度快、新药研发成本高、回报有限，严重打击了人们研发新型抗菌药物的积极性，科学界不得不积极探索新的解决方案。

　　噬菌体作为一种天然的细菌天敌，曾在20世纪初就被科学家发现，但随着青霉素等具有广谱抗菌作用且应用效果突出等优点的药物被发现，对于噬菌体的研究和使用逐渐沉寂下来，仅有东欧一些国家仍然进行着噬菌体的研究。随着耐药细菌的大量出现，噬菌体作为治疗细菌感染的手段重新引起了人们的关注。近年来，随着噬菌体研究的深入及多种学科和技术的进步，人们克服了噬菌体生产、质控、保存等方面的诸多困难，对噬菌体疗法的机制有了越来越多的认识，越来越多的文献报道也证实噬菌体对于治疗难治性耐药细菌感染具有显著优势和前景。为了规范和促进噬菌体治疗的发展，2023 年 8 月，中国噬菌体研究联盟、中国生物工程学会噬菌体技术专业委员会、中国微生物学会医学微生物与免疫学专业委员会联合出台了国内首部噬菌体治疗专家共识。该共识的出台填补了国内噬菌体治疗规范文件的空白，提高了我国噬菌体临床应用水平，为国内抗感染领域做出了突出的贡献。

　　抗菌药物的发现和发展极大地推动了现代医学的进步，但细菌耐药性问题的出现对公共卫生产生了严重威胁。噬菌体作为一种新型的抗菌工具，展示了广阔的应用前景。通过规范和推广噬菌体治疗，有望在一定程度上缓解细菌耐药性问题，为人类健康保驾护航。未来，随着科学技术的不断进步，相信人们将能够更好地应对细菌耐药性挑战，在维护公共卫生安全和人体健康方面作出更大的贡献。

张德福　张　明

2024 年 7 月于锦州

目　　录

1 绪 论

1.1 抗菌药物

1.1.1 抗菌药物的发现史

1928 年，英国医生亚历山大·弗莱明（Alexander Fleming，1881—1955）在一次实验中偶然发现，霉菌代谢产物中有一种物质能抑制葡萄球菌生长。该霉菌经过扩大培养后证实是一种青霉菌，所以他把能抑制细菌生长的青霉菌分泌物称为"青霉素"。同时，他还发现这种代谢物可以抑制链球菌、白喉棒状杆菌等细菌的生长。1929 年，弗莱明发表了青霉素的论文，但没有引起人们的重视。直到 1935 年，英国病理学家霍华德·沃尔特·弗洛里（Howard Walter Florey，1898—1968）和德国生物学家恩斯特·伯利斯·钱恩（Ernst Boris Chain，1906—1979）重新研究了青霉素的性质和化学结构，并在动物和临床上进行了大量实验。为了给第二次世界大战中的同盟国士兵提供足够的青霉素，他们发现了更高产的霉菌，并与制药公司一起优化了生产工艺。1942 年 3 月 14 日，一个被细菌感染的病人接受了美国历史上第一例青霉素治疗。仅这一个病人就用掉了全美国当时青霉素库存的一半。青霉素的发现挽救了数百万伤病者的生命，成为第二次世界大战期间与原子弹、雷达并列的三大发明之一。为了表彰这一造福人类的贡献，青霉素的发现者弗莱明和为青霉素工业化生产和利用奠定基础的钱恩、弗洛里于 1945 年共同获得诺贝尔生理学或医学奖。青霉素的发现开始了一场从大自然菌体中筛选抗生素（antibiotic）❶ 的运动。自 20 世纪 40 年代以来，链霉素、头孢菌素、四环素、万古霉素、红霉素等依次被发现。

比青霉素的发现更早且同样具有传奇色彩的是百浪多息（Prontosil）和磺胺的发现。20 世纪初，为服务于德国殖民者入侵非洲，保罗·埃尔利希（Paul Ehrlich，1854—1915）受到结核杆菌抗酸染色的启发，开始了从染料中寻找抑制病原体物质的研究之路，并发现了砷凡纳明可以治疗梅毒，开创了化学治疗的时代。受到埃尔利希发现红色偶氮染料可以治疗锥虫病的启发，德国生化学家格哈

---

❶ 抗生素的定义最初仅限指由微生物产生的化学物质，后来外延到天然产物通过半合成修饰甚至全合成而产生的各种衍生物。

德·约翰内斯·保罗·多马克（Gerhard Johannes Paul Domagk，1895—1964）沿袭着埃尔利希的思路继续寻找可以抵抗链球菌的染料，但经 4 年尝试了 3000 多种化合物无一成功。在 1932 年，多马克发现人工合成的橘红色的偶氮类毛织物染料百浪多息在小白鼠和人体中对链球菌具有明显的杀菌、抗感染作用。多马克于 1935 年发表了他的研究成果，向全世界宣告了发现第一种人工合成抗菌药物（antimicrobial agent）❶的喜讯。虽然百浪多息的发现引起了医学界的轰动，但由于保守的态度，很多医生并不敢使用这种新药，直到用百浪多息治好了美国总统富兰克林·罗斯福儿子的链球菌咽喉炎，才引起了人们的广泛关注。这个事件让百浪多息受到了媒体的广泛报道，从此名声大噪，人们才开始放心使用这种具有抗菌效果的新药。1939 年，多马克被授予诺贝尔生理学或医学奖，他也是在抗菌药物研发领域中第一个获得诺贝尔奖的科学家。但因德国纳粹政府的阻挠，直到第二次世界大战结束后的 1947 年他才拿回补发的奖章和证书。

但人们欢呼于百浪多息神奇的杀菌作用的同时也发现，百浪多息只对体内的细菌具有杀灭作用，而对体外培养的细菌却没有作用。法国巴斯德研究所的内斯特·富尔诺（Ernest Fourneau，1872—1949）发现，百浪多息在体内降解产生的对位氨苯磺胺（简称磺胺）与细菌生长繁殖所必需的物质对氨基苯甲酸的结构非常相似（见图 1-1），二者竞争性结合二氢叶酸合成酶，导致细菌无法有效合成二氢叶酸，阻碍病原体合成核酸，使细菌的生长受到抑制。百浪多息的作用机制明晰以后，人们发现不一定要通过百浪多息在体内分解产生磺胺来抗菌消

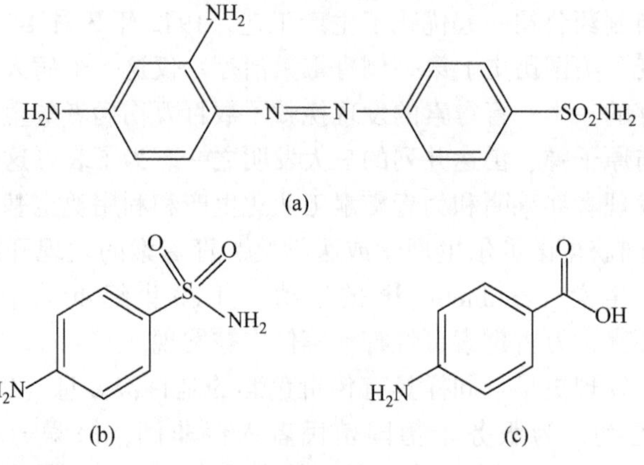

图 1-1　百浪多息（a）、对位氨苯磺胺（b）和对氨基苯甲酸（c）的结构式

---

❶　抗菌药物本来仅指完全化学合成的药物，现在外延到不仅包括抗生素，也包括完全通过化学合成途径产生的并且具有全新化学结构的各种抗菌药物。尽管许多微生物学家和抗感染专家都曾强调要区别"抗生素"和"抗菌药物"两个名词，但考虑到目前学术界对两个名词的使用情况和人们的用词习惯，一般不会产生歧义，因此本书对二者不作严格区分，一般均统称为"抗菌药物"。

炎，而是可以直接合成并使用磺胺。此后，人们开发出一系列具有不同性能的磺胺类抗菌药，合成抗菌药有了重大发展。磺胺类药物成为第一个广泛应用于临床的抗菌药物，为人类战胜细菌感染提供了新的希望。直到今天，磺胺类药物依然是最重要的一类抗菌消炎药物，仍然挽救着千千万万人的宝贵生命，抗生素药物尚不能完全代替它。多马克的发现对医学界产生了深远的影响，他的研究为后来的抗菌药物研发奠定了基础，并为治疗感染疾病的医学进步做出了巨大贡献。

这两种药物的发现史对人们极富有启发性。抗菌药物的发现从合成小分子转换到开发天然产物上来是一个创举，是一个重大的转折点。但人们从自然界的微生物中发现抗生素的同时，化学合成的抗菌药物也被推向了新的高度，对氨基水盐酸、异烟肼、喹诺酮等相继问世，人们对于各种抗生素和化学合成抗菌药物的作用机制也更加清楚。20世纪40年代至60年代中期是抗菌药物研发的黄金时期，20世纪60年代后，人们从微生物中寻找新的抗生素的速度明显放慢，人类开始寻求人工生产半合成抗生素。人们对已知药物进行结构修饰而合成了数以万计的新化合物。然而令人遗憾的是，随着抗菌药物的大量使用，药物在人和动物体内的残留及向环境中的释放，导致细菌在药物的选择压力下突变的频率加快，大量的耐药株被发现，每年大量患者因耐药性细菌感染而死亡。自20世纪80年代以来，获准上市的新抗菌药物数量在逐年减少。因专利药物到期、仿制药物大量出现，新药研发周期长、风险大，而用于治疗癌症、心脏病等其他疾病的药物的高利润、高回报等多个原因，自2000年以来的二十几年内仅有30多个新化学实体的抗菌药物和2个β-内酰胺酶抑制剂的复方抗菌药物投放市场。

让人稍感欣慰的是，自21世纪以来，特拉万星、利奈唑胺、泰地唑胺、替加环素、达托霉素和一个新型结构的β-内酰胺酶抑制剂阿维巴坦与头孢他啶组合药物等的上市，使临床棘手的多药耐药细菌的感染有了新的有效药物，人们对多药耐药菌感染的治疗又看到了曙光。

1.1.2 抗菌药物的类型与作用机制

经过几十年的发展，人们通过将微生物代谢物与人工修饰相结合的方法，研制出多种治疗临床病原菌感染的抗菌药物。目前，临床可用的抗菌药物有100多种，主要分为β-内酰胺类、碳青霉烯类、大环内酯类、多黏菌素类、喹诺酮类、氨基糖苷类、四环素类、磷霉素类、酰胺醇类、磺胺类、甘氨酰环素类、硝咪唑类和林克胺类等。抗菌药物的杀菌/抑菌机制可分为抑制细菌细胞壁合成、干扰蛋白质合成、干扰核酸复制、干扰叶酸代谢和影响细胞膜的通透性等五种主要类型。

1.1.2.1 β-内酰胺类

β-内酰胺类抗菌药物得名于它们的分子结构中有一个四元 β-内酰胺环（见图 1-2）。该类药物在第二次世界大战后期成功应用于临床，挽救了数以千万计的战争伤者，对近代历史上全世界人民的生命健康具有重要贡献。虽然这类药物已经开发了几十年，其结构和抗菌作用发生了显著变化，但即便是在今天，β-内酰胺类药物仍然是全世界使用最广泛的药物之一。新一代 β-内酰胺类药物由于侧链结构的改变而提高了对酸和酶的稳定性。另外，因为出现了细菌耐药问题，根据抗菌药物母核结构设计的可以和抗菌药物联合使用的 β-内酰胺酶抑制剂也被广泛用作新型非典型 β-内酰胺类抗菌药物。

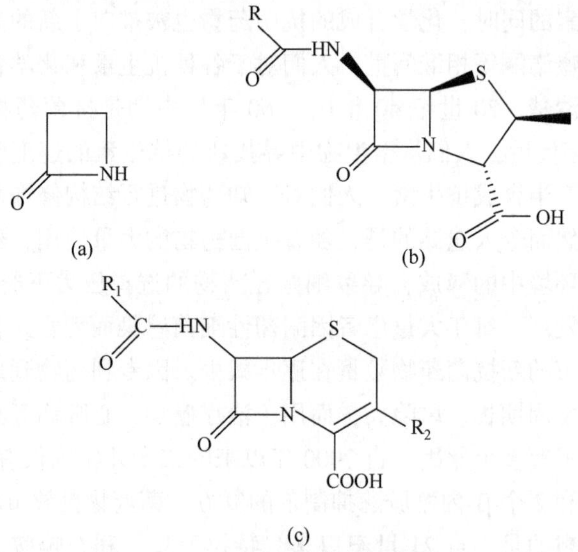

图 1-2　β-内酰胺类抗菌药物结构式

（a）β-内酰胺环；（b）青霉素；（c）头孢菌素

不同结构的 β-内酰胺类抗生素具有相同的作用机制。经典 Park 学说指出，该类药物的作用机制主要为药物抑制转肽酶的转肽作用，从而导致细菌细胞壁合成受阻，诱发细菌死亡。近年来，有研究表明细菌细胞膜含有几种特殊的蛋白质分子，它们与青霉素能形成相对稳定的复合物，被称为青霉素结合蛋白（penicillin-binding proteins，PBPs），是 β-内酰胺类抗生素的主要靶位。青霉素和头孢菌素的结构与肽聚糖末端结构 D-丙氨酰-D-丙氨酸相似，可以与酶的活性中心以共价键竞争性地结合，抑制黏肽转肽酶所催化的交联反应，严重破坏细菌霉烷酸细胞壁的形成，从而引起溶菌，导致细菌裂解死亡。

1.1.2.2 碳青霉烯类

碳青霉烯类抗菌药物抗菌谱广、杀菌活性强，是治疗可产生超广谱 β-内酰胺酶（extended-spectrum β-lactamase，ESBLs）或产 AmpC 酶[1]的细菌的首选药物。以亚胺培南为代表的碳青霉烯类抗菌药物的广泛使用，使得细菌生存的环境压力增加而进化出了抗性基因，这给临床治疗造成了极大的困难。碳青霉烯酶是一种能水解碳青霉烯类药物并使其失去抗菌作用的酶，有 A、B、D 三种主要类型。A 类酶主要是具有丝氨酸构象的酶类，包括肺炎克雷伯菌碳青霉烯酶 KPC、黏质沙雷菌酶 SME 和圭亚那超广谱 β-内酰胺酶 GES，KPC 和 GES 通过质粒传递抗性基因。B 类酶是含有以 Zn^{2+} 作为活性位点的金属酶，可以水解除单酰胺环类之外所有的 β-内酰胺类抗菌药物，可被 EDTA 抑制，包括新德里金属 β-内酰胺酶 NDM、亚胺培南抗性金属酶 IMP 和维罗纳整合子主要编码金属酶 VIM。D 类酶指的是苯唑西林酶 OXA，此类酶水解碳青霉烯类的能力比较弱，大多存在于不动杆菌中，常与其他耐药机制有关，主要是 OXA-48 和 OXA-23。

碳青霉烯类抗生素的作用机制主要是通过抑制胞膜黏肽合成酶的分泌，从而加速细胞壁的缺损，菌体膨胀之后使细胞浆渗透压发生变化，加速细胞的溶解。碳青霉烯类抗生素对于细菌具有较高的抑制效果，且毒副反应小。近些年的研究证实该药物主要是作用于细菌胞浆膜上的青霉素结合蛋白。

1.1.2.3　大环内酯类

大环内酯类药物得名于其结构中含有内酯环（见图 1-3）。内酯环一般含有 12~22 个碳原子，用作母核，并通过羟基，以糖苷键与 1~3 个糖分子相连形成一种弱碱性的抗生素。根据内酯环的数目，可将这些药物分成 14 元环、15 元环和 16 元环内酯类，代表性药物分别为红霉素、阿奇霉素和螺旋霉素等。大环内

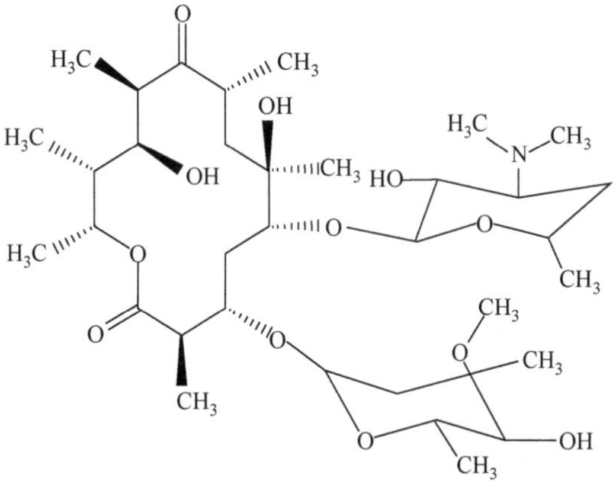

图 1-3　大环内酯类药物结构式

---

[1]　AmpC 酶是 AmpC β-内酰胺酶的简称，是由肠杆菌科细菌或/和铜绿假单胞菌的染色体或质粒介导产生的一类 β-内酰胺酶，属 β-内酰胺酶 Ambler 分子结构分类法中的 C 类和 Bush Jacoby Medeiros 功能分类法中第一群，即作用于头孢菌素、且不被克拉维酸所抑制的 β-内酰胺酶，故 AmpC 酶又称为头孢菌素酶。

酯类药物能不可逆地结合到细菌核糖体 50S 亚基上，通过阻断转肽作用及 mRNA 位移，选择性抑制蛋白质合成。现认为大环内酯类可结合到 50S 亚基 23S rRNA 的特殊靶位，阻止肽酰基 tRNA 从 mRNA 的 "A" 位移向 "P" 位，使氨酰基 tRNA 不能结合到 "A" 位，选择性抑制细菌蛋白质的合成；或与细菌核糖体 50S 亚基的 L22 蛋白质结合，导致核糖体结构破坏，使肽酰 tRNA 在肽键延长阶段较早地从核糖体上解离。由于大环内酯类在细菌核糖体 50S 亚基上的结合点与克林霉素和氯霉素相同，当与这些药物合用时，可发生相互拮抗作用。

1.1.2.4 多黏菌素类

多黏菌素（polymyxin）是 1947 年发现的，它是由多黏芽孢杆菌产生的一组含有 A、B、C、D、E 等成分的环肽类抗菌药物（见图 1-4）。其抗菌的过程如下：首先，在液体环境下，带正电荷的多黏菌素与外膜（outer membrane，OM）上带负电荷的类脂 A 发生静电结合，导致外膜膨胀；随后，通过外膜的 "自促摄取" 机制破坏了细胞膜磷脂双分子层的物理完整性，造成渗透失衡，使细胞内的核苷酸、氨基酸、磷酸盐等重要成分外漏，抑制细菌的生长或导致细菌死亡。

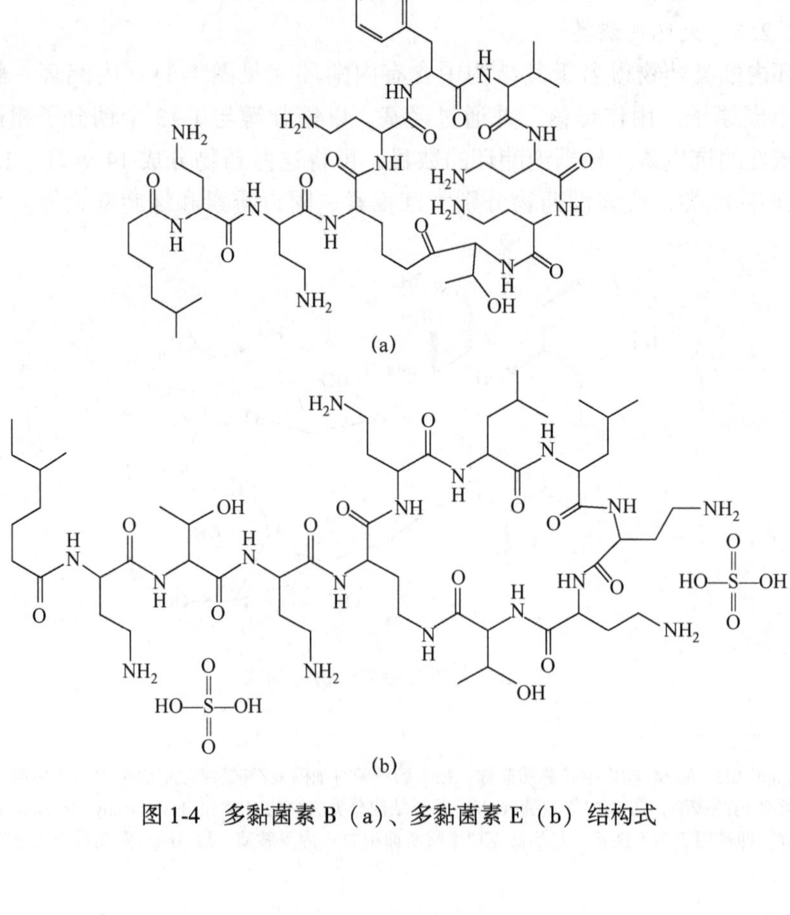

(a)

(b)

图 1-4 多黏菌素 B（a）、多黏菌素 E（b）结构式

由于多黏菌素的抗菌谱窄、毒性大，20世纪80年代许多国家限制其在人类疾病上的临床应用，从而主要用作兽药。中国在1986年第一次批准了进口此产品，把其作为兽药及治疗性医药饲料添加剂。20世纪90年代后期，国内公司开发了硫酸多黏菌素（colistin sulfate salt）作为促进畜禽生长、防治疾病的药用饲料添加剂。目前，多黏菌素E作为药物和饲料添加剂广泛用于兽医临床，避免了集约化养殖环境中细菌类疾病对养殖动物的影响。多黏菌素B是用在临床的药物，主要用于敏感细菌感染、铜绿假单胞菌所致的尿路感染、眼部感染、气管感染、脑膜炎、败血症、烧伤感染、皮肤黏膜感染等。

1.1.2.5　喹诺酮类

喹诺酮又被称为吡啶酮酸（见图1-5），是一类具有广谱抗菌作用的化学合成药物，其具有抗菌谱广、活性强、药代动力学优良等特点，广泛用于人类和动物疾病的临床治疗。由于喹诺酮类药物不断扩大使用范围，使细菌对喹诺酮类耐药性越来越严重。喹诺酮类与其他天然存在的抗菌药物不同，它含有4-喹诺酮的基本结构。第一代喹诺酮类药物萘啶酸最初是由Lesher于1962年发现的，是合成药物氯喹的副产品。经50多年开发研究，喹诺酮类药物现已进入第四代。目前临床上常用的该类药物有环丙沙星、左氧氟沙星和恩诺沙星等。恩诺沙星在中国已被指定为动物专用药物，因为其临床应用历史悠久，导致其近些年来耐药性呈显著的上升趋势。随着临床上常见病原菌对该类药物的耐药性逐渐增加，人们对其耐药机制的研究也越来越重视。

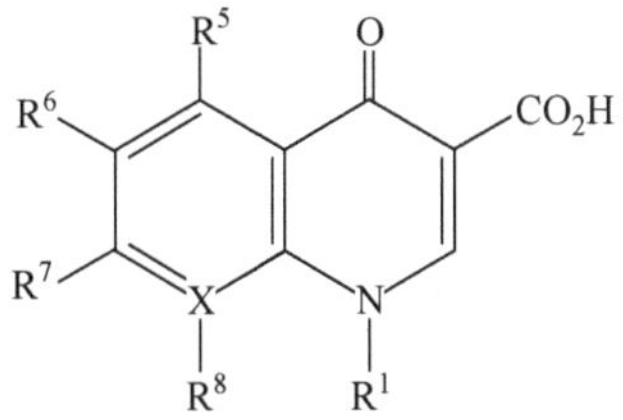

图1-5　喹诺酮类药物结构式

喹诺酮类的抗菌机理是通过抑制参与细菌DNA复制的两种酶——DNA解旋酶和DNA拓扑异构酶Ⅳ来发挥作用。革兰氏阴性菌中的主要靶标为DNA解旋酶，革兰氏阳性菌中的主要靶标为DNA拓扑异构酶Ⅳ，喹诺酮类与这些酶、DNA形成复合物而导致DNA断裂，最终使细菌细胞死亡。随着喹诺酮的广泛应用，细菌耐药性也随之出现。其耐药机理包括以下几个方面：（1）DNA解旋酶和DNA拓扑异构酶Ⅳ的突变。它们的突变常发生于GyrA的第67和106位氨基酸之间（大肠杆菌编号）或ParC的第63和102位氨基酸之间（喹诺酮耐药决定区），它们通过水-金属离子桥与喹诺酮结合，使喹诺酮类药物和酶之间的相互作用减弱，从而降低喹诺酮类药物的敏感性。（2）质粒介导喹诺酮耐药（plasmid-mediated quinolone resistance，PMQR）。携带喹诺酮类药物耐药性基因的质粒可导致严重的临床问题，使易感性降低为原来的 1/250~1/10。这些耐药性质粒通过细菌之间的水平转移以及代际垂直转移进行传播。已报道了三种质粒编码的蛋白（Qnr、AAC（6′)-Ib-cr、OqxAB/QepA）与这种质粒介导的喹诺酮类药物耐药性有关。它们能降低喹诺酮类药物的活性，帮助细菌在低浓度喹诺酮药物下存活。（3）其他基因突变。喹诺酮类药物通过孔蛋白和脂质介导进入细菌细胞。因此，孔蛋白表达不足、外排泵表达过量或脂多糖（LPS）结构的修饰也可以增强细菌耐药性。多重耐药性（*mar*）基因会改变细菌对多种化合物的耐受性。该基因突变会导致 AcrAB 外排泵的过度表达和 OmpF（外膜蛋白 F）孔蛋白表达的降低。另一个导致细菌对喹诺酮类和其他抗菌剂产生耐药性的基因是 *nfxB*，该基因可改变细胞表面上功能性 OmpF 的表达，从而减少喹诺酮类药物的进入。

1.1.2.6 氨基糖苷类

氨基糖苷类药物化学结构包括氨基环醇和氨基糖类，拥有广谱抗菌活性，对革兰氏阴性菌的作用效果非常显著，因而成为临床上治疗革兰氏阴性菌感染的常用药物。该药物可与核糖体小亚基 30S 结合，能够影响细菌蛋白的表达，进而诱导错误的蛋白合成，还可以阻碍已合成蛋白的释放，从而起到杀菌的作用。因这类药物成本低、疗效优越、使用广泛，越来越多的研究人员参与到后续的研发中。迄今为止发现的天然氨基糖苷类药品有 200 余种，目前临床上最常用的氨基糖苷类抗菌药物是庆大霉素（结构式见图 1-6）、链霉素和卡那霉素等。此外，根据该类药物的分子结构特征还成功开发了以阿米卡星等为代表的多种半合成氨基糖苷类抗菌药物。几十年来，由于临床上氨基糖苷类药物的广泛使用以及不规范使用，对该药物耐药的现象频繁发生，其状况也越来越严重。

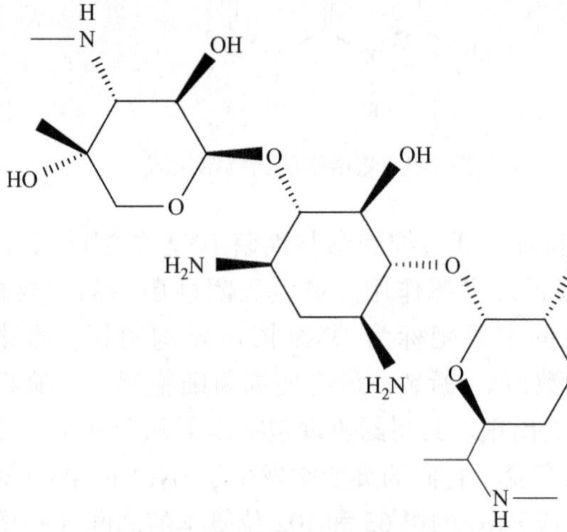

图 1-6 庆大霉素结构式

1.1.2.7 其他类抗菌药物

目前，临床上的常用药物除了上述六类以外，四环素类、酰胺醇类、磺胺类等也是非常重要的治疗药物。随着临床上抗菌药物的使用日益频繁，这些药物严重的耐药性问题越来越引起人们的担忧和重视。

1.2　细菌耐药性的产生及耐药基因的播散机制

细菌耐药性是细菌用来抵抗抗菌药物的抑制或杀伤作用的一种表型。细菌耐药性分为固有耐药性和获得性耐药性。固有耐药性，也称为天然耐药性，一般具有种群特异性，是由细菌染色体决定的特有的遗传特征。抗菌剂不可能对所有细菌具有相同的杀灭或抑制作用，因为不同的细菌具有不同的细胞结构和生理过程。对某些抗菌药物具有天然抗药性的细菌始终存在，如大肠埃希氏菌对万古霉素具有天然抗性。细菌的获得性耐药有个体差异，这是细菌的一种自卫形式，通常是细菌在具有抗菌药物的环境中经过一段时间的进化后形成的。细菌形成获得性耐药的主要途径有通过质粒等移动元件获得外源性耐药基因、药物作用靶点发生突变等。

1.2.1　细菌耐药的机制

细菌耐药既可能是因染色体基因突变而表现出的固有耐药，也可能是通过移动元件介导的基因水平转移（horizontal gene transfer，HGT）而获得性耐药。总的来说，耐药的机制可以分为以下几类（见图1-7）。

1.2.1.1　降低细胞膜通透性

细菌接触抗菌药物后，可以通过改变通道蛋白（porin）性质和数量来降低细菌的膜通透性而产生获得性耐药。正常情况下细菌外膜的通道蛋白以 OmpF 和 OmpC 组成非特异性跨膜通道，允许药物分子进入菌体，当细菌多次接触抗菌药物后，菌株发生突变，产生 OmpF 蛋白的结构基因失活而发生障碍，引起 OmpF 通道蛋白丢失，导致 β-内酰胺类、喹诺酮类等药物减少进入菌体内。

1.2.1.2　细菌主动外排药物

细菌还可以通过外排泵过表达而降低细胞内药物浓度，防止药物到达作用靶点，这种主动外排系统包括位于胞浆膜的转运子（efflux transporter）发挥泵的作用，附加蛋白（accessory protein）介于中间起桥梁作用，最后通过外膜蛋白（outer membrane channel）将多种抗菌药物排出菌体外，使大肠埃希氏菌、金黄色葡萄球菌、表皮葡萄球菌、铜绿假单胞菌、空肠弯曲杆菌等对四环素、氟喹诺酮类、大环内酯类、氯霉素、β-内酰胺类产生多重耐药。

1.2.1.3　改变、保护靶点

通过基因突变或翻译后修饰改变、保护药物作用靶点，降低与抗菌药物的亲

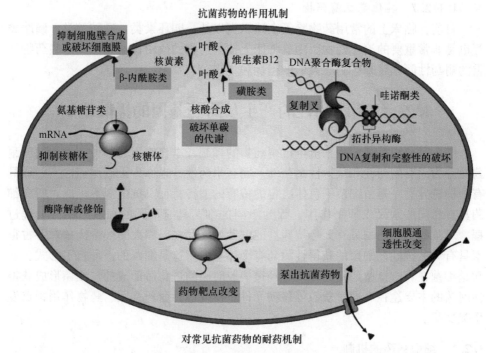

抗菌药物的作用机制

对常见抗菌药物的耐药机制

图 1-7　常见抗菌药物作用机制及相应的耐药机制❶

和力，使抗菌药物不能与细菌结合，导致抗菌药物治疗的失败。

　　首先，基因突变可以在细菌体内导致药物作用靶点的结构发生改变。这种改变可能涉及靶点的氨基酸序列、三维结构或者其与抗菌药物的结合位点。一旦靶点结构发生变化，抗菌药物就无法识别，不能与细菌结合，从而失去治疗作用。此外，突变还可能导致细菌产生新的靶点，这些新靶点可能对抗菌药物完全不敏感，进一步增强了细菌的耐药性。其次，翻译后修饰也是细菌对抗抗菌药物的一种策略。在翻译后修饰过程中，细菌可以对已经合成的蛋白质进行化学修饰，包括糖基化、磷酸化、甲基化等。这些修饰可以改变药物靶点的性质和功能，从而影响其与抗菌药物的结合。例如，某些修饰可以增加靶点的稳定性，使其不易被抗菌药物攻击；或者降低靶点的亲和力，使得抗菌药物即使能够结合也无法发挥杀菌作用。这种由于基因突变或翻译后修饰导致的耐药机制给抗菌药物治疗带来了极大的挑战。为了克服这种耐药性，科研人员需要不断开发新的抗菌药物，以应对不断变化的细菌耐药机制。同时，也需要加强对细菌耐药性的监测和研究，以便及时发现并应对新的耐药菌株。为了应对这一挑战，需要从多个方面入手，

　　❶　参考 CROFTS T S, GASPARRINI A J, DANTAS G. Next-generation approaches to understand and combat the antibiotic resistome [J]. Nature Reviews Microbiology, 2017, 15（7）：422-434.

包括开发新的抗菌药物、加强耐药性监测和研究以及合理使用抗菌药物等。

1.2.1.4 通过灭活酶或钝化酶降解药物或修饰药物使其失活

细菌可产生灭活酶或钝化酶，通过水解、乙酰化、磷酸化等方式修饰抗菌药物后使其失去抗菌作用。目前报道的灭活酶或钝化酶主要有 β-内酰胺酶、氨基糖苷类钝化酶、氯霉素乙酰转移酶和大环内酯类-克林霉素类-链霉菌素类抗菌药物钝化酶等。

1.2.1.5 细菌形成生物被膜

细菌生物被膜（biofilm）是指细菌黏附于固体或有机腔道表面，形成微菌落，分泌的细胞外多糖蛋白复合物将自身包裹其中而形成的多组分群体膜状物（见图1-8）。生物被膜中的大量胞外多糖形成分子屏障和电荷屏障，可阻止或延缓抗菌药物的渗入，而且被膜中细菌分泌的一些水解酶类浓度较高，可促使进入被膜中的抗菌药物灭活，因此当细菌以生物被膜形式存在时耐药性可增强 10~1000 倍。生物被膜流动性较低，被膜深部氧气、营养物质等浓度较低，细菌生长代谢相对缓慢，而绝大多数抗菌药物对此状态细菌不敏感，仅能杀死表层细菌，而不能彻底治愈感染，停药后可迅速复发。

可逆吸附　不可逆吸附　　生长　　　成熟　　　传播

图 1-8　细菌的生物被膜示意图❶

当然，细菌这些耐药机制并非孤立存在，常通过两种或多种不同的机制共同作用决定一种细菌对一种抗菌药物的耐药水平。

---

❶ 参考 SAUER K, STOODLEY P, GOERES D M, et al. The biofilm life cycle: Expanding the conceptual model of biofilm formation [J]. Nature Reviews Microbiology, 2022, 20 (10): 608-620.

1. 2. 2　细菌耐药基因的播散机制

研究表明，质粒编码的耐药基因可以在细菌间水平转移，因此质粒在介导肠杆菌多药耐药中具有重要作用（见图 1-9）。如肠杆菌对 β-内酰胺类耐药常见的机制是质粒编码的丝氨酸 β-内酰胺酶降解药物；对喹诺酮类耐药主要是质粒编码的 Qnr 蛋白可以保护喹诺酮类药物的靶点——DNA 促旋酶，逃避喹诺酮类药物的作用；对四环素类耐药主要是存在于质粒上的 *tetA~tetE* 编码的外排系统将细胞内的药物泵出等。

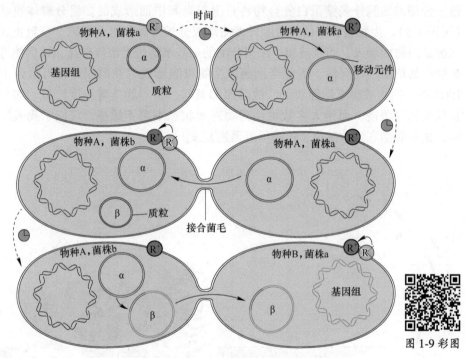

图 1-9 彩图

图 1-9　耐药菌的产生与传播❶

据全国细菌耐药监测网自 2014 年以来的统计数据显示，耐药菌中革兰氏阴性菌约占 71%（70.9%~71.5%），其中排前五位的依次是大肠埃希氏菌（约占 30%）、肺炎克雷伯菌（约占 20%）、铜绿假单胞菌（约占 13%）、鲍曼不动杆菌（约占 11%）和阴沟肠杆菌（约占 4%）。可以看出，大肠埃希氏菌、肺炎克雷伯菌和阴沟肠杆菌三种肠杆菌科细菌约占革兰氏阴性菌的 54%，居多药耐药菌数量

❶　参考 WELLINGTON E M H, BOXALL A B A, CROSS P, et al. The role of the natural environment in the emergence of antibiotic resistance in Gram-negative bacteria [J]. The Lancet Infectious Diseases, 2013, 13 (2): 155-165.

的首位。肠杆菌科细菌（以下简称肠杆菌）广泛分布于土壤、水等环境中，与人类健康关系密切，多数为人和动物肠道的正常菌群，少数为条件致病菌，能引起各种内源性和外源性（包括食源性）疾病。

革兰氏阴性菌可以根据环境变化改变自身的遗传信息，比如在药物的作用压力下可使耐药基因的转移程度增加 100~1000 倍。这些耐药基因一般通过质粒（plasmid）携带的插入序列（insertion sequence，IS）、整合子（integron，In）和转座子（transposon，Tn）等移动元件（mobile element）进行水平转移（horizontal transfer）。质粒可以介导耐药基因在不同的细菌个体间转移，而其他三种移动元件则只能介导耐药基因在细菌个体内的 DNA 分子间转移。

1.2.2.1 插入序列携带的耐药基因座位

插入序列是一段长约 700~2500 bp 的 DNA 序列，其两侧是 10~25 bp 的反向重复序列（inverted repeats，IR）。两个 IR 之间仅含有编码转座酶（transposase，Tnp）的基因，没有耐药基因及其他基因。该酶是转座所必需的，并能准确识别 IS 两端的序列，通过"复制、粘贴"或"剪切、粘贴"的方式转移到新的位置。大多数 IS 转移通常会产生 2~14 bp 的正向重复序列（direct repeat，DR）。经典的 IS 不携带耐药基因，但如果相同或相近的两个 IS 分别插入至耐药基因两侧，这两个 IS 就可以捕获耐药基因形成一个单元作为复合转座子（composite transposon）的一部分同时转移。如编码大环内酯类抗性相关蛋白的三个基因 *mphA-mrx-mphR* 可以与两端的 IS*26* 和 IS*6100* 一起转移（见图 1-10）。另外，有两类特殊的 IS——IS*Ecp1*-like 和 IS*CR* 则可以单独捕获、转移耐药基因。IS*Ecp1*-like（包括 IS*Ecp1*、IS*Enca1*、IS*Sm2*、IS*1247*）不识别下游的 IR，而是利用上游 IR 和下游另外一段 IR 一起转移邻近的耐药基因。IS*CR* 没有 IR，其滚环复制酶可以通过识别其下游的复制起始位点 *ori*IS 以滚环复制的方式捕获、复制并转移邻近的耐药基因。

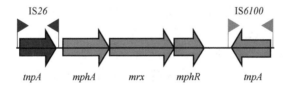

图 1-10　插入序列携带的大环内酯类耐药基因座位示意图

1.2.2.2 整合子携带的耐药基因座位

整合子是细菌基因组中一种常见的基因捕获系统，也是一种古老的移动元件，在耐药基因的获得、表达和传播中具有重要作用。整合子的结构由 5′保守区（5′-conserved segment，5′-CS）、3′保守区（3′-conserved segment，3′-CS）和中间的可变区（virable region，VR）三部分组成（见图 1-11）。5′-CS 的整合酶

(integrase，IntI) 通过识别 5′-CS 的特异性重组位点 *attI* 和基因盒 (gene cassette) 重组位点 *attC* 将捕获的耐药基因盒按 5′—3′的方向插入至 *attI* 和 *attC* 之间或两个 *attC* 之间，形成基因盒阵列 (gene cassette array，GCA)，并通过自身携带的启动子 (Pc) 使耐药基因表达 (见图 1-12)。整合子的 3′-CS 通常为长度可变的 *sul1* 基因 (编码抗磺胺类药物的二氢叶酸合成酶) 和 *qacED1* (编码季铵盐类消毒剂外排蛋白)。整合子既可以整合到质粒或染色体上，也可以作为转座子的组成部分参与转移，使耐药基因在同种属和跨种属细菌间广泛传播。

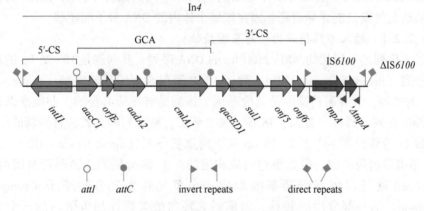

图 1-11 Ⅰ型整合子 In4 结构示意图

1.2.2.3 转座子携带的耐药基因座位

转座子又称为跳跃基因，是一段特异的具有转位特性的独立 DNA 序列，可以编码转座酶 (TnpA)、解离酶 (TnpR)、解离位点 (*res*)、耐药基因等 (见图 1-13)。转座子不能自我复制，但可以通过转座酶、解离酶等识别短的 IR 在相同或不同的染色体或质粒间转移。转座子还可以被整合子整合，携带整合子进行"基因跳跃"，导致耐药基因在染色体、质粒间自行移动。对质粒序列测定及生物信息学分析表明，Tn*21* 的形成就是一系列重组的过程 (见图 1-14)——由 Tn*402* 经过整合 *sul1*、缺失部分 *qacED1*、插入 IS*1326*、缺失 3′-CS 和 *tni* 模块、整合氨基糖苷类耐药基因 *aadA1*、插入携带汞离子抗性操纵子 (*mer*) 的 ΔTn*21*、插入 IS*1353*；在 Tn*21* 的基础上，通过一系列重组，又形成了 Tn*2603*、Tn*2424* 等。

1.2.2.4 质粒携带的耐药基因座位

质粒是独立于染色体之外能够自我复制的基因组，一般编码非生命必需基因。质粒本身可以在宿主细胞之间通过接合任意转移，提高了耐药基因的可转移性。质粒序列内部还存在着大量的移动元件，例如插入序列、整合子、转座子等，这些移动元件可以携带和它们紧邻的耐药基因转移到其他位置，并且在转移

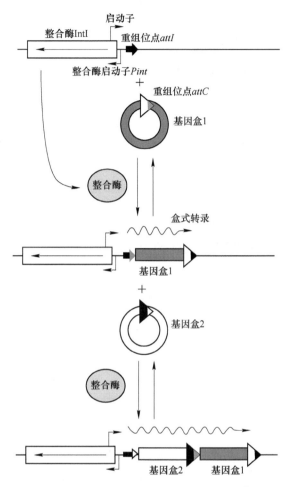

图 1-12　整合子介导的耐药基因盒获取❶

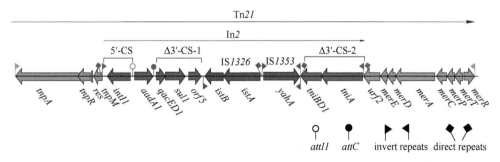

图 1-13　转座子 Tn21 结构示意图

❶ 参考 CAMBRAY G, GUEROUT A M, MAZEL D. Integrons［J］. Annual Review of Genetics, 2010, 44：141-166.

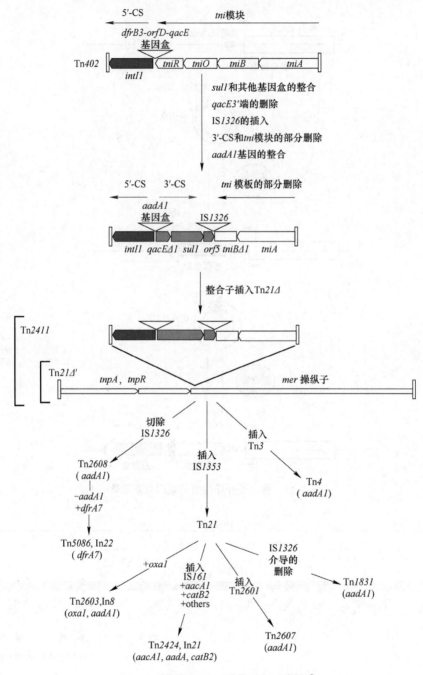

图 1-14　转座子 Tn21 进化过程示意图❶

❶　参考 LIEBERT C A, HALL R M, SUMMERS A O. Transposon Tn21, flagship of the floating genome [J]. Microbiology and Molecular Biology Reviews, 1999, 63 (3): 507-522.

的过程中能够发生重组，使耐药基因的可转移性进一步提高。质粒不相容性原则在一定程度上限制了耐药基因的播散，但是耐药基因可能通过其他方式突破了菌种的界限，实现了不同菌种之间的"自由穿梭"、迅速播散。借助测序手段和生物信息学分析对质粒序列进行深入研究可以从其序列特点上找到耐药基因传播的遗传基础和进化的规律。Du 等通过分析弗氏柠檬酸杆菌中 bla_{NDM} 质粒特点发现，整个质粒96%的区域与肠杆菌中的 pIncX3-SHV 型质粒相似，仅 bla_{NDM} 基因周围结构区不同，此周围结构与不动杆菌属中的 Tn125 转座结构非常相似，但下游序列被截短，上游的 ISAba125 转座酶也被 IS5 转座元件插入从而遭到破坏。这些证据间接反映了 bla_{NDM} 基因进化的规律——该 bla_{NDM} 基因通过转座元件在不同质粒间传播，继而以质粒为转移元件继续播散。

耐药菌的出现是适者生存的自然现象。对抗菌药物敏感的细菌会被抗菌药物杀死，但因为偶然的基因错配会产生少量突变菌株，有些突变会使它们不受抗菌药物影响，并且这种表型会随微生物本身的生长繁殖代代相传。甚至随着临床、畜牧业和农业中抗菌药物的超量、超范围等不规范使用的出现，细菌耐药性问题也越来越严重。自1942年报道的首例青霉素耐药以来，新药投入使用后，两年以内就会出现相应的耐药菌。更严重的是，在 2010 年，医学杂志 *The Lancet Infectious Diseases* 发表了一个编码新德里金属 β-内酰胺酶的基因（bla_{NDM-1}），该基因对几乎所有的 β-内酰胺类抗菌药物都有抗药性。携带 bla_{NDM-1} 的细菌被称为"超级细菌"（super bugs）。五年后，该杂志发表了对多黏菌素有抗药性的 mcr-1 基因。

抗菌药物是治疗细菌性感染的重要手段。随着滥用抗菌药物现象的发展，由此引起的细菌耐药问题越来越突出，临床常用抗菌药物的可选择性下降，使治疗难度和治疗成本增加。2017 年全国细菌耐药监测报告显示，临床上分离的病原菌对治疗性抗菌药物耐药性的检出率高达50%以上，如肺炎链球菌对红霉素的耐药率高达 95.0%；我国对耐甲氧西林凝固酶阴性葡萄球菌的平均检出率是 76.0%；大肠埃希氏菌对头孢噻肟的耐药率是 54.2%，对环丙沙星的耐药率是 51.0%；鲍曼不动杆菌对亚胺培南的耐药率是 56.1%。

据世界卫生组织估计，抗菌药物耐药性每年至少导致 70 万人丢掉性命。如果细菌耐药性的问题不能得到有效遏制，到 2050 年细菌对抗菌药物耐药将导致至少 1000 万人死亡。2016 年世界银行的研究表明，如果在 2050 年以前细菌耐药的问题没有得到有效控制，不仅将给全球患者造成 3000 亿~10000 亿美元的经济损失，还可能会使全球畜牧业每年生产总值下降 7.5%。

因此，细菌耐药性受到了全世界的关注，已成为国内外研究的热点，被认为是会对全球经济产生严重影响的潜在因素，而细菌耐药性的快速检测是临床快速诊断病因、合理使用抗菌药物的关键，与人类健康息息相关。

1.3　大肠埃希氏菌简介及其耐药机制

1.3.1　大肠埃希氏菌的形态

大肠埃希氏菌（*Escherichia coli*），也称为大肠杆菌，是革兰氏阴性菌，大小为（0.4~0.7）μm×（2~3）μm，两端钝圆，无芽孢，菌体周围有鞭毛，因此细菌可以移动。另外它们只有微荚膜，没有可见的荚膜（少数菌株除外），可以被碱性染料染色，通常细菌的两端会被染成深色。

1.3.2　大肠埃希氏菌的培养特性

大肠埃希氏菌为兼性厌氧菌，在普通培养基上生长良好，最适生长温度为37℃，最适生长 pH 在 7.2~7.4，形成表面光滑、边缘整齐、直径为 1~3 cm、不产生色素、透明或半透明的隆起菌落；麦康凯琼脂上形成红色菌落；在伊红美蓝琼脂上产生黑色带金属闪光的菌落；在强选择性培养基（SS 培养基）上一般不生长或生长较差，生长者呈红色。一些致病性菌株在绵羊血平板上呈 β 溶血。大肠埃希氏菌在不同培养基中的培养特性见表 1-1。

表 1-1　大肠埃希氏菌在不同培养基中的培养特性

培养基类型	培养温度/℃	培养时间/h	菌 落 形 态
LB 固体培养基	37	18~24	光滑、湿润、半透明的圆形小凸起
McConkey 固体培养基	37	18~24	圆形、光滑、边缘整齐的粉红色菌落
EMB 固体培养基	37	18~24	带有金属光泽的黑色菌落

1.3.3　大肠埃希氏菌的生化特性

大肠埃希氏菌能发酵多种碳水化合物产酸产气。大多数菌株可迅速发酵乳糖和山梨醇，仅极少数迟发酵或不发酵。约半数菌株不分解蔗糖，几乎均不产生硫化氢，不分解尿素。吲哚和甲基红试验均为阳性，V-P 试验和柠檬酸盐利用试验均为阴性。致病性和非致病性大肠埃希氏菌的生化特性几乎没有差别。大肠埃希氏菌的生化特性见表 1-2。

表 1-2　大肠埃希氏菌的生化特性

菌　种	M. R	吲哚生成试验	V-P 试验	IMViC 试验	葡萄糖	乳糖	麦芽糖
大肠埃希氏菌	+	+	-	-	+	+	+

注：IMViC 试验主要用来快速鉴别大肠埃希氏菌和产气肠杆菌等肠杆菌科细菌，是一种经典区分大肠埃希氏菌和其他大肠菌群的试验。

大肠埃希氏菌与其他大肠菌群的区别 IMViC 试验见表 1-3。

表 1-3 大肠埃希氏菌与其他大肠菌群的区别 IMViC 试验

菌　　属	吲哚试验（I）	甲基红试验（M）	VP 试验（V）	柠檬酸盐试验（C）
大肠埃希氏菌	+	+	−	−
产气肠杆菌	−	−	+	+

1.3.4　大肠埃希氏菌的抗原特征

大肠埃希氏菌的抗原分为 O 抗原（菌体抗原）、K 抗原（荚膜抗原）、H 抗原（鞭毛抗原）和 F 抗原（菌毛抗原）。到目前为止有 17 种菌毛抗原、56 种鞭毛抗原、80 种荚膜抗原和 173 种菌体抗原已被确认。其中 O 抗原是一种相当稳定的脂多糖抗原，耐高温，即使处于 121 ℃的高温环境下，持续加热 2 h 以上其抗原活性也不会降低；通常每个细菌只存在一种 O 抗原，其类型用阿拉伯数字来表示。K 抗原的热稳定性不如 O 抗原，K 抗原在经过 121 ℃、2 h 的处理后，便失去抗原活性。H 抗原的热稳定性最差，对热极其敏感，当温度达到 80~100 ℃时，其抗原活性便会改变，而且当 H 抗原被乙醇处理时，其抗原活性也会发生变化。

1.3.5　大肠埃希氏菌的耐药机制

目前临床治疗大肠埃希氏菌感染的主要方式依然是使用抗菌药物，这也导致大量耐药菌不断出现。张勋等对安徽省监测的 31 家医院分离出的 650 株大肠埃希氏菌进行耐药性检测结果显示，其对氨苄西林的耐药率最高，为 98.1%，对其他同时检测的 8 种药物的耐药率都超过 60%。据 2010 年中国卫生部国家细菌耐药监测网的年度报告，除含有 β-内酰胺酶抑制剂化合物、碳青霉烯类、头孢西丁和阿米卡星外，大肠埃希氏菌对于其他所有抗菌药物耐药率均超过 50%。大肠埃希氏菌的耐药问题给相关传染病的临床治疗带来了重大挑战。另外，耐药菌株也可通过食物链传递到人体，对人体健康和公共卫生安全构成潜在威胁。刘凯迪等对东南沿海地区水禽源大肠埃希氏菌耐药性进行研究发现，大肠埃希氏菌对氨苄西林、环丙沙星、金霉素、氟苯尼考和磺胺类药物的耐药率分别为 90.2%、50.3%、96.7%、87.3%和 90.6%。Awad 等研究了埃及鸡的致病性大肠埃希氏菌，发现该菌对多种抗菌药物均耐药，其中对克拉维酸等的耐药率为 92.31%，对四环素等的耐药率为 84.62%，对氟苯尼考、头孢噻肟、环丙沙星的耐药率分别为 69.23%、61.54%、53.85%。Meguenni 等分析了来自阿尔及利亚的不同年份的鸡源大肠埃希氏菌，得到的结果为 97.2%的菌株对一种以上的药物有耐药性，53.5%的菌株具有多重耐药性。卫生部虽然发布了《抗菌药物临床应用指南》，对抗菌药物的临床应用制定了明确的标准，但从临床样本的监测来看，目前大肠埃希氏菌临床应用中的耐药率仍在上升。其对常见药物的主要耐药机制如下：

（1）对β-内酰胺类的耐药机制。β-内酰胺类抗菌药物具有毒性小、品种多、药效好等优点，被广泛应用于临床细菌性疾病的预防和控制。主要代表性药物有碳青霉烯类、氨苄西林及头孢唑啉等。其主要耐药机制有以下几点：①β-内酰胺酶的产生。由于菌体能产生β-内酰胺酶，这种酶会使酰胺键受到破坏，使抗菌药物受到影响从而无法发挥药效甚至失活。②由于菌体表面有一种可以与该抗菌药物结合的蛋白质，当其结构改变时，菌体与抗菌药物的结合便会受到影响，甚至无法结合，导致抗菌药物不能发挥药效。③菌体外排泵可以有选择性地外排抗菌药物，以此降低菌株体内的抗菌药物含量，使菌株具有耐药性。

（2）对喹诺酮类的耐药机制。代表性的药物有环丙沙星、氧氟沙星及诺氟沙星等。对喹诺酮类的耐药机制分为以下几点：①外排泵介导菌体药物吸收减少以及药物外排增加。在细菌抗喹诺酮药的众多机制中，最广泛的机制是细菌利用细胞膜上的多个外排泵，将抗菌药物从菌体中排出。②靶位基因突变和靶位修饰。当DNA回旋酶和拓扑异构酶发生突变时，DNA转录和翻译受到影响，使得蛋白质合成无法进行，导致细菌死亡。③膜通透性的改变。大肠埃希氏菌的细胞膜分为内膜和外膜。正常情况下，溶质、抗菌药物以及其他分子可以穿过细胞外膜进入细胞内部，当外膜的某个组成结构，比如脂多糖与膜孔蛋白发生变化时，抗菌药物无法进入菌体内，细菌因此耐药。

（3）对氨基糖苷类的耐药机制。具有代表性的氨基糖苷类抗菌药物有庆大霉素、卡那霉素、链霉素等。该类药物的主要耐药机制分为以下三点：①当细菌外膜的通透性降低时，进入细菌并累积的药物浓度不足以杀死细菌，因此细菌耐药，通常在非发酵性革兰氏阴性菌中比较常见。②作用靶位点的改变。细胞核糖体RNA作为靶位点，当其结构和位置发生变化时，药物和细菌无法结合，致使细菌获得耐药性。③氨基糖苷类钝化酶的产生。细菌能产生ANT、APH以及AAC这三种钝化酶，当药物被这些钝化酶修饰水解后，细菌便会耐药。

（4）对四环素类的耐药机制。该类药物的耐药机制有两种：一是主动外排；二是核糖体结合蛋白的产生。其中主动外排是最主要的耐药机制。大肠埃希氏菌基因组中存在 *tet* 外排泵基因，该基因可以编码一个外排系统中最主要的功能蛋白——外排泵蛋白；当菌体内存在抗菌药物时，外排系统便会将抗菌药物排出去，使其无法发挥作用。核糖体结合蛋白能保护细菌核糖体，使药物无法与之结合，从而使得细菌产生耐药性。到现在为止，四环素类抗性基因已有40多种，其中大肠埃希氏菌含有 *tetA*、*tetB*、*tetC*、*tetD*、*tetE* 这五种编码基因，但研究报道的大多是 *tetA*、*tetB* 以及 *tetC*。

（5）对磺胺类的耐药机制。在核酸与蛋白质的合成中以及其他代谢过程中，叶酸起着相当重要的作用。当缺乏叶酸时，细菌会因代谢功能障碍而死亡。磺胺类抗菌药物的抗菌机理是当磺胺类药物浓度比对氨基苯甲酸浓度高时，便会替换对氨基苯甲酸的位置，使叶酸无法正常合成，最终导致细菌死亡。大肠埃希氏菌能够对该类药物表现出耐药性便是由于二氢叶酸合成酶（DHPS）的表达，其中DHPS 的合成与 *sul1*、*sul2* 和 *sul3* 这三种耐药基因有关，当合成 DHPS 之后，大肠埃希氏菌与药物的亲和力大大下降，磺胺类药物无法杀死细菌，所以细菌耐药。有研究报道，Tn21 家族转座子中存在 *sul1* 耐药基因，它可以和其余耐药基因共同发挥耐药性。

1.4 噬菌体及其应用

1.4.1 噬菌体的发现史

噬菌体在 20 世纪初被两位科学家分别独立发现。1915 年，英格兰的细菌学家弗雷德里克·威廉·特沃特（Frederick William Twort，1877—1950）发现细菌培养物可被一种能够通过细菌滤膜的物质变得澄清和透明，并且这种特性可传递到其他培养物中。1911 年，法裔加拿大微生物学家费利克斯·德雷勒（Félix d'Hérelle，1873—1949）在实验中偶尔会发现培养板上出现透明的斑点；1917年，德雷勒研究痢疾杆菌时又发现了透明空斑，偶然中他将空斑中的滤液与细菌培养液混合，发现痢疾杆菌很快被清除。44 岁的德雷勒将这一结果发表在声望卓著的《法国科学院通报》，将其描述为细菌的"专性胞内寄生虫"，后来他本人将其命名为噬菌体。1919 年噬菌体首次被批准用于人类疾病的治疗，并治疗了成千上万的细菌感染患者。然而，在二十世纪三四十年代，因为发现了与噬菌体特异性感染相比具有更广泛的抗菌活性的抗菌药物，以及其他多种原因，噬菌体用于治疗的研究被中断。直到近几十年来细菌耐药的问题逐渐严峻，噬菌体疗法又重新回归人们的视野中。

噬菌体（bacteriophage，phage）是可以感染细菌、真菌、藻类、放线菌、支原体及螺旋体等微生物的一类病毒的总称，因部分能引起宿主菌的裂解，故称为噬菌体。其中噬菌体感染对细菌更为常见，因此也被称为细菌病毒。一般地，噬菌体存在于宿主细菌所在的任何地方（土壤、水、空气、海洋、饮用水、食物等），估计数量为 10^{31}。噬菌体没有完整的细胞结构，体积很小，直径为 100 nm左右，基因组一般小于 200 kb，但也发现巨型噬菌体的基因组大于 200 kb。噬菌体感染细菌有着很严格的特异性，这取决于噬菌体与宿主表面受体的分子结构和互补性。噬菌体在维持地球生物圈中微生物群落及生态系统之间的平衡方面发挥着非常重要的作用，因此对人类的生存和健康非常重要。

1.4.2　噬菌体的形态与分类

噬菌体由头部和尾部组成，头部包括衣壳核酸。噬菌体根据形态特点，可分为有尾噬菌体、无尾噬菌体和丝状噬菌体。最常见的是有尾噬菌体，又可分为肌尾噬菌体科、长尾噬菌体科和短尾噬菌体科三个科，其代表性噬菌体分别为 T4 噬菌体、T7 噬菌体与 λ 噬菌体。其遗传物质在正多面体的蛋白质头壳中通过颈圈衔接将头壳与尾鞘、尾管相连，并在尾管底部形成基盘、尾丝和尾钉，可捕捉和侵染宿主菌。无尾噬菌体可根据其头部特征分为复层噬菌体（*Tectiviridae*）、覆盖噬菌体（*Corticoviridae*）、囊状噬菌体（*Cystoviridae*）和光滑噬菌体（*Leviviridae*）等。无尾噬菌体是双重衣壳结构，可编码多聚蛋白 P3、介导噬菌体与宿主融合的 P6 等蛋白质。丝状噬菌体体积小，包括 M13、fd 等噬菌体。其中，M13 噬菌体可编码 11 种蛋白质，包含衣壳蛋白的 GP3、GP6、GP7、GP8 和 GP9 五种结构蛋白，其中的 GP3 和 GP8 常用于单克隆抗体筛选噬菌体展示蛋白。

据噬菌体与宿主细菌之间的关系，噬菌体分为两类：温和噬菌体（溶原性噬菌体）和烈性噬菌体（毒性噬菌体）。温和噬菌体的基因组能与宿主菌基因组整合，跟随宿主继续复制、分裂，进而进入下一代宿主菌。它们一般不会分解细菌。整合在细菌基因组中的噬菌体基因组称为前噬菌体，带有前噬菌体基因组的细菌称为溶原性细菌。在某些外部诱导条件下（如紫外线、X 射线、致癌物或致突变物质），在宿主细菌核酸里的噬菌体 DNA（或 RNA）将自发地同宿主基因组分离，进入裂解循环。烈性噬菌体对宿主细菌裂解的步骤可以概括为吸附、侵袭、复制、组装成熟和裂解。噬菌体吸附细菌后，尾部的裂解酶穿透宿主肽聚糖层，通过内膜释放核酸到宿主菌中，同时噬菌体尾部蛋白可阻止宿主菌将噬菌体核酸排出。在噬菌体基因组编码的整合酶作用下两者核酸整合，进行复制及组装，生成有裂解能力的子代噬菌体，宿主菌被裂解。最后子代噬菌体继续重复以上步骤。

噬菌体的遗传物质是 DNA 或 RNA。根据遗传物质种类和形态，噬菌体可分为双链 DNA（dsDNA）、单链 DNA（ssDNA）、双链 RNA（dsRNA）及单链 RNA（ssRNA）噬菌体四类，以 dsDNA 噬菌体居多。这些遗传物质被包装在衣壳中，衣壳可以是多面体（微病毒科、皮质病毒科、隐病毒科、利维病毒科和囊病毒科）、丝状（隐病毒科）、多形性（浆病毒科）或直接连接到尾巴（尾状病毒科）。国际病毒分类委员会（ICTV）第十次病毒分类报告较以往出现大幅改动，将病毒这一庞大群体重新整理划分为 81 目、314 科、200 亚科、3522 属、14690 种❶。与噬菌体相关的主要类别见表 1-4。

---

❶　截至 2024 年 6 月。

表 1-4 按照核酸类型对噬菌体的分类

英文名称	中文名称	基因组类型
Ackermannviridae	阿克曼噬菌体科	dsDNA
Herelleviridae	赫雷尔噬菌体科	
Myoviridae	肌尾噬菌体科	
Podoviridae	短尾噬菌体科	
Siphoviridae	长尾噬菌体科	
Lipothrixviridae	脂毛噬菌体科	
Rudiviridae	古噬菌体科	
Cortic oviridae	覆盖噬菌体科	
Fuselloviridae	小纺锤形噬菌体科	
Tectiviridae	复层噬菌体科	
Plasmaviridae	芽生噬菌体科	
Salterprovirus	盐末端蛋白噬菌体属	
Guttaviridae	微滴形噬菌体科	
Inoviridae	丝杆噬菌体科	ssDNA
Microviridae	微小噬菌体科	
Cystoviridae	囊状噬菌体科	dsRNA
Leviviridae	光滑噬菌体科	ssRNA

1.4.3 噬菌体的基因组学

噬菌体结构和基因组具有高度的多样性，不同噬菌体的基因组大小变化很大。已知的最小的噬菌体基因组为微小病毒科的大肠埃希氏菌噬菌体 BZ13 T72 株（GenBank：FJ483838.1），只有 3393 bp，属于双链 RNA 病毒；其次是 BZ13 DL10 株，有 3412 bp。BZ13 的基因组编码 4 个基因，成熟蛋白、衣壳蛋白、复制酶和裂解酶，这表明噬菌体要感染、入侵宿主细菌至少需要 1 个复制酶、1 个外壳蛋白、1 个成熟蛋白和 1 个裂解蛋白。最大的噬菌体基因组是肌尾病毒科的巨大芽孢杆菌噬菌体 G（GenBank：NC_023719.1），有 497513 bp；其次是假单胞菌噬菌体 201φ2（GenBank：NC_010821），有 316674 bp，属于线性双链 DNA，编码 462 个基因。噬菌体基因组大小的区别在于小噬菌体基因组中某特定功能的基因为单独的开放阅读框，甚至基因之间可以重叠，而大基因组噬菌体某特定功能或结构可由多个基因编码。小噬菌体基因组中缺乏而存在于大噬菌体基因组中的是具有调控功能的基因，或者是在细菌特定时期行使宿主功能的蛋白和 tRNA。

尽管噬菌体在核苷酸序列水平上具有显著的多样性，但形成病毒颗粒的结构蛋白表现出很强的相似性和保守性，即使在不同的噬菌体家族中，蛋白质结构也是高度保守的。许多噬菌体基因组中编码特定功能的基因群，如编码衣壳蛋白、重组蛋白、基因表达的调控子、复制子和裂解蛋白等按区域排列在一起，这种嵌合结构使得不同噬菌体感染同一株宿主菌时可以进行基因组的大片段交换。噬菌体基因组与宿主菌基因组间的水平转移导致噬菌体具有的耐药基因和毒力基因也常常是未知的。从进化的角度来看，噬菌体是独一无二的，但又是相互关联的，并且在宿主的选择压力下经历了多个遗传交换事件，这又驱动了噬菌体的多样性。而且，尽管噬菌体的基因组比较小，但噬菌体与宿主细菌之间存在的遗传镶嵌性使得噬菌体显示出的基因组多样性和复杂的进化关系不同于传统的系统发育进化关系。

为了进一步了解噬菌体的基因组，提高噬菌体疗法的可靠性与安全性，需要对噬菌体进行测序、注释和分析。噬菌体常用的测序技术为 Illumina，使用 SPAdes 软件进行基因组组装。在 PHASTER 和 RAST 等数据库预测开放阅读框（ORFs）并进行注释，通过 VFDB 数据库（http：//www.mgc.ac.cn/VFs/）和 ARDB 数据库（http：//ardb.cbcb.umd.edu/）预测噬菌体是否携带毒力基因和抗性基因。利用 CGview 和 SnapGene 进行可视化作图。噬菌体的基因组比对分析和进化分析有助于了解噬菌体的进化关系。根据基因组注释结果，利用 BLAST（http：//www.ncbi.nlm.nih.gov/BLAST/）对噬菌体的全基因组进行比对，选取 NCBI 数据库内基因序列完整、具有保守性和进化标志性的末端酶大亚基和衣壳蛋白序列进行系统进化分析。通过 GenBank 和 Matff 进行多重序列比对，利用 MEGA 11.0 中的邻位相连法（Neighbor-Joining）构建系统发育树，使用 Easyfig 对基因组进行比较分析。

1.4.4　噬菌体的应用

噬菌体在疾病的治疗、诊断、预防、兽药、生物制药，畜禽养殖、海产养殖、食品卫生等领域有很大的应用前景。由于噬菌体有较强的特异性和抗菌能力，使其在防治细菌性疾病方面尤其引起了广泛关注，利用噬菌体治疗细菌引起的感染称为噬菌体疗法（phage therapy）。

1.4.4.1　在农业中的应用

噬菌体在农业中用于预防和控制细菌感染，被认为是抗菌药物的有效替代品，已经有许多研究报道。柑橘黄龙病危害大、传播速度快，黄龙病菌由带菌木虱、嫁接及寄生植物传播，可在所有柑橘属物种和近缘属植物以及少数远缘科属植物间传播。1993 年首次鉴定到了柑橘黄龙病菌的一段噬菌体 DNA 序列，2011年在长春花的韧皮部组织中观察到游离的噬菌体粒子，2015 年首次在感染黄龙病的柑橘甜橙叶脉细胞中观察到黄龙病菌细胞的表面有大量的噬菌体颗粒（关于作物栽培）。除了柑橘类水果，一些学者曾尝试将噬菌体疗法用于土豆等作物，此外，AgriPhage™等市售噬菌体制剂已大规模用于农作物。

1.4.4.2 在畜禽养殖中的应用

噬菌体还可用作牲畜的饲料添加剂和治疗配方，以预防和治疗动物的细菌感染。有研究表明，用噬菌体 BPECO19 处理可以明显降低牛肉和猪肉的大肠埃希氏菌 O157:H7。在生产过程中，畜禽不可避免地会发生细菌性疾病的感染，其中以消化系统细菌性疾病和呼吸系统细菌性疾病危害较大。通过在鸡饲料中添加噬菌体的方法，可以使肠道益生菌数量增多、致病菌数量减少。在无抗饲料中添加噬菌体，应用于断奶仔猪，其肠道微生物种类明显比抗生素组多，证明噬菌体相比于抗生素更能够维持仔猪肠道中的菌群平衡。呼吸系统细菌性疾病常出现于动物生长的幼年时期，致病菌侵入呼吸道后，会引起畜禽产生咳嗽、发热、呼吸困难等症状，严重时会导致畜禽休克死亡。在被肺炎克雷伯菌感染肺部的小鼠体内注射噬菌体，可明显降低肺部细菌载量，降低细胞炎症因子水平，小鼠存活率明显提高，证明噬菌体对肺部细菌性疾病产生了有效的治疗效果。

哺乳类动物的免疫器官包括胸腺、脾脏，禽类还包括法氏囊，反映了机体的免疫水平。一定程度上免疫器官的重量增加反映了体积的免疫力增强。已有研究表明，饲喂蛋鸡高剂量噬菌体可以增加其免疫器官的重量，表明噬菌体能够缓解机体的炎症反应，提高机体的免疫力。将噬菌体作为添加剂饲喂肉鸡，也证明噬菌体能够提高其免疫功能。噬菌体通过杀死有害菌来提高益生菌的数量水平，从而提高动物对饲料的利用率，饲喂噬菌体的猪氮消化率和干物质消化率都得到提高。相比于某些化学药剂，在饲料中添加噬菌体更为安全，而且不会影响饲料中存在的天然菌群和发酵食品的品质。

养殖业的污染问题一直困扰着我国的环境治理，养殖动物的粪便中携带大肠埃希氏菌和其他病原体，严重影响养殖人员的健康。噬菌体可以控制有害病原菌数量，减少粪便的细菌污染。有人使用噬菌体对仔猪进行灌胃，仔猪粪便中的细菌污染大大减少。

1.4.4.3 在水产养殖中的应用

细菌和病毒引起的疾病会造成水产养殖业的重大损失，尤其是弧菌病、气单胞菌病、爱德华氏菌病、分枝杆菌病、出血性败血症、溃疡病和柱状体病。美国食品和药物管理局、欧洲食品安全局已批准在农业食品部门使用噬菌体（鸡尾酒疗法）。

在水产行业，已经报道了多个关于噬菌体治疗的研究，如出血性败血病和爱德华菌病等疾病类型，以及嗜水气单胞菌、铜绿假单胞菌等致病菌。2019 年，四株铜绿假单胞菌噬菌体被分离出来，并发现其都有超强的裂解力，可有效破坏形成的生物被膜。2020—2021 年，Tu 等、Pallavi 等先后分离出 PVN02 和

vB-AhyM-AP1 两种噬菌体，基因组分析表明，以上两种噬菌体不携带致病或抗菌药物抗性基因，并对浮游细菌噬菌体和生物被膜都具有裂解活性。丁云娟等通过实验发现，副溶血性弧菌噬菌体 qdv001 可净化牡蛎的生存环境及其体内的副溶血性弧菌。Lomelí-Ortega 等分离并筛选出 A3S 和 VPMS1 两株副溶血性弧菌噬菌体，发现二者大大提高了患病幼虾的存活率。

生物被膜中的细菌相互附着，并被包裹在独特的细胞外聚合物基质中。据统计，超过 90% 的细菌能够生成生物被膜。从对抗菌药物的耐受性来看，被生物被膜包裹比浮游状态的细菌抗性更强，这对相关疾病的治疗很不利。Kim 等的研究结果证明噬菌体 pVa-21 能除去溶藻弧菌的生物被膜。Papadopoulou 等发现，噬菌体同抗生物被膜化合物联合使用可以更有效地去除生物被膜，从而降低鱼塘疾病的发生率。在 2021 年，Pallavi 等从污水中筛选到噬菌体 vB-AhyM-AP1，研究发现其对浮游嗜水气单胞菌和生物被膜具有裂解能力。

1.4.4.4　在食品工业中的应用

食品是人类生活的必需品，食品卫生与人类生活息息相关。食品中的食源性致病菌引发的疾病持续存在，因为污染细菌可以在屠宰、挤奶、发酵、加工、储存或包装过程中接触到食物。由于抗生素的广泛使用导致耐药问题的出现，人们开始探索一些将原料产品的微生物载量降至更低的策略。另外，食品工业中经常使用的一些减少食源性病原菌污染的方法并不能直接应用于新鲜水果、蔬菜和即食食品。因此仍需要新的策略来满足消费者对食品卫生的要求。

病原体检测需要建立起一种快速、准确的技术，这对防止食物中毒状况的产生是非常重要的。因噬菌体的特异性，噬菌体分型技术能迅速区分各个细菌的血清型，比传统生化检测方法精度高、速度快，因此在流行病学中使用广泛。Stewart 等发现，使用辅助菌时，噬菌体感染 4 h 就可以准确检测出待测菌的数量，而传统方法需要 18 h。Byeon 等基于磁弹性生物传感器，利用烈性噬菌体 12600 对菠菜表面上金黄色葡萄球菌进行了快速检测。Chen 等将一段 *lacZ* 插入 T7 噬菌体 DNA 中，并将大肠埃希氏菌感染所表达的 β-半乳糖苷酶转化成 4-甲基伞形酮-β-D-葡糖苷酸，作为荧光检测底物，检测碎牛肉汁中的大肠埃希氏菌。

噬菌体制剂还可以应用在食品工业的许多方面，包括屠宰前对活体动物进行消毒、净化加工环境及保存食品。当前，许多研究已表明噬菌体制剂具有巨大的适用性和使用价值。其中，部分噬菌体制剂已在市面出售。2006 年，美国 FDA 批准了 Listex^{TM} P100，这是第一个用作食品添加剂的噬菌体 "鸡尾酒" 配方。欧盟资助的 Phagoburn 试验同样使用了鸡尾酒制剂，但每种制剂包含 10 种以上噬菌体。另外，还有 anti-*Salmonella* 和 BioTector 等。将包装材料与噬菌体结合，发展了食源性致病菌生物防治的新途径，进而减轻了致病菌对食物的污染性，如 Gouvêa 等发现覆盖含有噬菌体的醋酸纤维素膜，能够高效抑制沙门氏菌生长。在细菌耐药性加深、对抗菌药物愈加不敏感的情况下，噬菌体的发现不仅使防治细菌感染手段逐渐丰富起来，而且减少了抗菌药物的使用量及因此导致的耐药菌，如将抗菌药物和噬菌体结合，对铜绿假单胞菌 PAO1 的耐药性降低效果显著。

1.4.4.5 在环境中的应用

水污染是关乎公众健康的一个重大问题。肠道病原体，如细菌、原生动物和肠道病毒可以留在处理过的废水中，在排放到接收水域之前，需要使用消毒剂去除它们。这些排入水源的生物有一部分是人为来源，包括牲畜设施的径流、集约化农业产生的肥料以及工业和家庭污水处理厂的流出物。消毒步骤是通过化学处理消除有害微生物，杀死致病性微生物，包括大肠埃希氏菌致病性菌株、弯曲杆菌、霍乱弧菌、沙门氏菌和宋内志贺氏菌等，并预防水传播疾病。过滤、氯化、臭氧化、紫外线辐射是废水处理厂使用的不同消毒方法。

废水处理是维护公共卫生和可持续生态系统的重要过程，不当的废水处理会导致有机和无机污染物及致病菌释放到水中。在污水处理厂中，噬菌体与细菌之间的相互作用在处理过程中起着重要作用。噬菌体疗法已被提出作为常规治疗方法的替代方案，因为噬菌体可以用于特定的靶标而不伤害有益的细菌。在污水处理厂中，负责起泡和生物被膜形成的细菌种类已经被确定，它们各自的噬菌体被分离出来以控制它们的生长。裂解噬菌体优于溶原性噬菌体，裂解噬菌体可以在分解细胞的同时杀死特定的目标，感染大多数宿主，并对控制污水处理厂中细菌引起的问题产生直接影响。

1.4.4.6 在临床医疗中的应用

噬菌体首次用于人类疾病的报告是在 1931 年，d'Herelle 描述了有关利用噬菌体治疗金黄色葡萄球菌感染的皮肤病的临床工作，20 世纪 30 年代有大量关于噬菌体应用于人类疾病的论文和专著发表。随着抗生素的出现，噬菌体的研究受到了阻碍。2009 年美国公开发表了关于噬菌体第一期临床试验，该试验评估了噬菌体鸡尾酒针对大肠埃希氏菌、金黄色葡萄球菌和铜绿假单胞菌感染引起的慢性静脉腿部溃烂的治疗效果。

近年来，我国也成立了专门用于噬菌体研究和临床转化的噬菌体与耐药研究所。1958 年，细菌学家余㵑教授应用噬菌体疗法通过噬菌体悬液清洗创面的方式成功治愈了由烧伤而引起抗生素耐药性铜绿假单胞菌继发感染的病例。2018 年上海公共卫生中心应用噬菌体疗法成功治愈了多重耐药的肺炎克雷伯菌尿路感染的病例，这是我国首例通过了医学伦理委员会审批的噬菌体治疗的案例。根据国内外噬菌体的研究成果，噬菌体有望替代抗生素成为新的抗菌制剂，在临床医学领域应用前景广阔。

1.4.4.7 在洗护用品、口腔医学中的应用

耐药和微生态失衡一直是开发防龋剂的难题。近年来，噬菌体和噬菌体来源

的裂解酶一直备受关注。有研究成功地开发了裂解酶 LysP53 漱口水，其对以变形链球菌为代表的致龋菌表现出良好的杀菌作用，无论是针对浮游细菌还是生物被膜。同时，对其他口腔共生菌杀灭作用小，有利于维持正常的口腔菌群稳态。

变形链球菌是龋齿的关键细菌，传统的治疗方法不能专门针对致病菌，而倾向于根除共生细菌。迄今为止，仅分离出少数针对变异链球菌的噬菌体。有研究从数百份人类唾液样品中分离和表征了一种新的变异链球菌噬菌体 SMHBZ8。SMHBZ8 是一种有希望抗变异链球菌的新型裂解噬菌体，可以作为牙膏或缓释漱口水的新替代品。

在口腔医学领域，如噬菌体疗法、噬菌体展示技术（phage display technique）等噬菌体相关技术快速发展，已初步形成理论体系，促进了其在菌群调节、疾病诊断、感染治疗与预防等方面的应用。

治疗牙周炎、根尖周炎、龋病、粪肠球菌造成的口腔感染的有效方法是调控口腔菌群平衡。噬菌体疗法是解决细菌普遍耐抗生素的有效方案，能加强治疗效果，改善疾病预后。Chen 等研究了噬菌体疗法在牙周炎治疗中的应用，总结出不同噬菌体的繁殖特征及对牙菌斑生物被膜的影响，指出 11 种噬菌体可分别裂解 7 种口腔致病微生物。

预防如根管治疗、清洁、手术等开放口腔治疗后的感染也可以使用噬菌体疗法，噬菌体 EFDG1、PEf771、φApcm01、Aabφ01 能侵入与龋病、牙周病、口腔黏膜病等疾病发生发展相关的细菌，如粪肠球菌、铜绿假单胞菌等。Xiang 等研究了致病性粪肠球菌的噬菌体 PEf771 在经根管治疗的根尖周炎动物模型体内对粪肠球菌的作用，发现使用 PEf771 并用抗生素联合治疗的大鼠可存活超过 72 h，而未经治疗的大鼠在 8 h 内均全部死亡，该研究证实了噬菌体疗法在口腔疾病治疗中预防感染的作用。

噬菌体的杀菌或者抑菌机制与抗菌药物不一样，共同使用时，可产生协同作用，并阻止耐药菌的产生。例如，Lu 等利用转基因 M13 噬菌体在大肠埃希氏菌中靶向 SOS 网络，很大程度上提升了喹诺酮的杀菌活性。近些年来，研究人员所关注的疫苗是以噬菌体为基本成分的。这种疫苗分为两大类，即表面展示和噬菌体 DNA 疫苗。Li 等用 T7 噬菌体展示了血管内皮生长因子（VEGF），可对 Lewis 肺癌产生强烈的免疫反应。

现今，合成生物学使得噬菌体基因重组有广阔的发展空间，将极大地促进噬菌体疗法的进步。Lu 和 Collins 对抗生物被膜感染的方法是通过操纵 T7 噬菌体，让其表达出生物被膜降解酶 Dispersin B。有人曾试图把细菌遗传物质中的溶原性噬菌体转变成烈性噬菌体，此项技术对治疗难分离噬菌体的细菌感染有很大帮助。

1.5 基因组测序技术的发展现状及应用

近些年来，基因组测序技术发生巨大变化，在噬菌体研究中大规模使用高通量测序技术已经成为常态，未来对于噬菌体基因的研究成果将对噬菌体治疗与应用等领域产生直接的影响。1977 年，由 Frederick Sanger 及其合作者完成了第一个噬菌体 phi X174 基因组的完整测序。从那时起，完整的噬菌体基因组测序数量迅速增长。随着二代测序、三代测序和病毒宏基因组学的不断发展和普及，越来越多的可培养与不可培养的噬菌体基因组被发现。当前噬菌体基因组数据爆炸式的增长也证实了人们正在迎接噬菌体基因组时代的到来。

1.5.1 测序技术的发展历程

DNA 测序技术是了解基因结构与功能的基础，是分子生物学领域中最重要的技术之一。个体基因组 DNA 序列如果发生突变，一般将导致疾病的产生。获取个体基因组 DNA 序列对预防、诊断和治疗疾病将有很大帮助。

20 世纪 70 年代中期，Sanger 同 Coulson 发明的双脱氧核苷酸末端终止法，以及 Maxam 和 Gilbert 的 Maxam-Gilbert 化学降解法，标志着第一代 DNA 测序技术的诞生。后来 Sanger 发明了鸟枪测序法，为第二代测序技术的发展奠定了技术基础。第一代测序技术最大的贡献是在 2001 年完成了第一张人类基因组图谱。第一代测序技术的读长可达 1000 bp，测序准确度高达 99.999%，并且容易掌握。但是因其成本较高、速度较慢、通量较低，并且要大量专业的技术人员全程操作等不足，随着时代的进步，越来越难以满足科研和生产应用的需要。

20 世纪 90 年代，出现了第二代测序技术。其以 Roche 公司的 454 测序、Illumina 公司的 Solexa/HiSeq 测序和 ABI 公司的 SOLiD 系统为标志。第二代测序技术是至今为止最成熟、使用最广泛的测序方法，在基因组大规模测序和基因诊断治疗中发挥了重要作用。因其极大地降低了成本，提高了测序速度和准确度，可同时对物种基因组或转录组中的几百万个 DNA 分子进行测序。但其缺点也日益凸显，如读码长度短（约 100~150 bp）、PCR 扩增出现偏差等。在此背景下，基于单分子测序技术的第三代测序应运而生。

2011 年以来，Helicos Biosciences 公司推出的以 tSMS™ 技术平台为代表的并行单分子合成测序技术、Pacific Biosciences 公司开发的单分子实时测序技术、Oxford Nanopore Technologies 的纳米孔单分子测序技术、VisiGen Biotechnologies 公司推出的基于荧光共振能量传递的测序技术以及 Ion Torrent 公司推出的以 Ion Torrent PGM 技术平台为代表的半导体测序技术，预示着第三代测序技术的产生。第三代测序技术最大的特点是超长读长，单分子测序过程不需 PCR 扩增，避免了 PCR 对测序结果的影响，也解决了第二代测序技术不能克服的重复片段测序的问题，该技术优势明显，具有更广阔的应用前景；其缺点是测序成本高，测序错误率高，并且错误率的出现是随机的。目前，也有学者将纳米孔测序归为第四代测序技术，另外第四代测序技术还包括电子显微镜观察法。由于这两种方法的原理与第三代单分子测序技术不同，直接从模板链开始测序，技术理念非常先进，因此被视为第四代测序技术。

1.5.1.1　第一代测序技术

第一代测序技术有两种：（1）双脱氧链终止法，是 Sanger 和 Coulson 发明的。（2）化学法，由 Maxam 和 Glibert 发明。这两种测序方法都是最早的 DNA 测序技术，作为第一代测序的标志性技术，有着较高的碱基准确率。其中，Sanger 测序因更稳定、更便捷而被广泛应用，其主要原理是首先发生延伸反应，然后合成不同长度的 DNA 延伸片段，接着通过凝胶电泳分离出 4 个反应产物，最后依次读出相应的 DNA 序列。Sanger 法操作简单，一经提出便很快得到了广泛的应用，然而该测序过程是以人工操作为主，很难实现自动化，而且它依赖于电泳技术，这使得测序的通量受到了约束。

化学降解法和 Sanger 法都是用电泳分析核酸序列，但是化学降解法需要特定的化学试剂来降解 DNA 模板。首先放射性标记待测 DNA 的 $5'$ 端磷酸基，将反应进行分组，然后将不同的化学试剂加至不同的反应体系中，使得特定的碱基断裂，从而获得一些不等长的核酸片段，用放射自显影法来进行检测，最后把放射性标记的 $5'$ 端作为这些检测到的碎片的共同起点，将特定的断裂碱基作为终点，根据这些片段在凝胶上的位置，直接读取要检测的 DNA 序列。化学降解法准确度高，但也存在操作繁琐等缺点。

20 世纪 80 年代，测序公司又推出了鸟枪测序法，此类测序方法虽然降低了成本，但由于其无法进行重复并且错误率较高，没有得到全面推广。

虽然第一代测序技术具有低通量、低数据输出和耗时长等诸多缺点，但仍为以后高通量测序技术的发展奠定了技术基础。

1.5.1.2　第二代测序技术

第二代测序技术的核心思想是边合成边测序，这与 Sanger 法有异曲同工之处，但在此基础上也有所改进，比如测序通量被提高。

第二代测序技术的首次临床诊断是在 2014 年，其准确度比第一代测序技术略有降低，但该问题已得到了解决，其通量和产量与第一代测序技术相比都有所增加。另外，第二代测序技术能实现同时测序多个样本，工作效率提高了许多。第二代测序技术具有准确度高、速度快以及高通量等特点，有力地推动了基因组层次研究的发展，这在以前是研究人员无法企及的。

第二代测序技术虽然有多种优势，但是它的缺点也非常突出，最显著的缺点是读长太短，这使得序列拼接、组装和分析注释变得异常艰难，而且测序后得到的均为重复的、碎片化的片段，对于宏基因组测序而言，还需将这些片段拼接在一起，是个"大工程"。除此之外，对于样本中的所有基因，第二代测序技术是不做选择的，检测全部的基因，这导致检测的时间延长，仍然无法满足临床的诊断需要，因此第三代测序技术应运而生。

1.5.1.3 第三代测序技术

第三代测序技术是基于单分子的测序技术，这是它的一大亮点；另外，第三代测序技术速度更快、效率更高、读长更长。相较于第一代和第二代测序技术，读长是第三代测序技术改善最大的一个特点，测序产生的每个读长不等，其平均读长高达 10~15 kb，而且测序成本降低了，工艺也更为简单。

由于技术问题，第三代测序技术尚未大范围的实行商业化。当前，主要有以下两个代表：太平洋生物科学公司的单分子实时测序（single molecule real time，SMRT）和牛津纳米孔技术公司（Oxford Nanopore Technologies，ONT）的纳米孔测序。

SMRT 测序技术采用的是边合成边测序（sequencing by synthesis，SBS）策略，它主要是通过零级波导（zero-mode waveguides，ZMW）来检测 DNA 的聚合过程。ZMW 金属片上存在很多小孔，为保证信号检测的范围仅局限在每一个纳米小孔内，它们的直径比激光的一个波长还要小。在纳米小孔中，DNA 聚合酶集中在小孔的最底部，DNA 模板则处于游离态。当聚合酶催化 dNTP 与模板 DNA 结合后，纳米小孔会激发出荧光信号，对荧光信号进行捕捉之后，荧光基团脱落，而模板 DNA 在聚合酶的作用下进行下一个循环。这种测序技术改善了测序过程中噪声较大的弊端，在序列拼接、片段定位和对于重复序列较多的基因组组装时优势显著从而被科研人员大量使用，但其也具有测序结果不够精确的缺点。

ONT 的测序仪采用了一种前所未有的方法，通过测定 DNA 分子经过纳米孔时电信号所产生的变化来分辨出相应的碱基序列。该技术无需对 dNTP 进行标记，检测系统简单，设备小巧，成本较低。

总体上看，第三代测序技术具有快速、成本低和高通量等优点，但其测序结果的准确性还有待进一步改善。

1.5.1.4 病毒宏基因组测序技术

病毒宏基因组测序技术（viral metagenomics）是宏基因组学的一个分支，专门研究特定环境中的病毒群落。这项技术的发展受益于新测序技术的进步，尤其是在第二代、第三代测序仪的出现后，病毒宏基因组学得以迅速发展。

病毒宏基因组测序技术的原理主要基于高通量测序技术，直接从样本中随机抽取一定比例的核酸片段进行测序、数据库比对和生物信息学分析，进而对病原微生物进行无偏性鉴定。这种技术能够覆盖细菌、病毒、寄生虫、衣原体等多种微生物，并进行耐药基因检测。

病毒宏基因组测序技术具有多项优势。首先，它可以对样本中的所有病毒遗传物质进行研究，从而快速准确地鉴定出环境中所有的病毒组成。其次，该技术适用于微量样本中的病毒组，能够对其进行有效分离，且对噬菌体不造成损伤，最大程度保证了病毒活性。此外，相较于传统的纯培养方法，宏基因组测序技术不依赖于微生物的分离培养，克服了传统方法的技术限制。

1.5.2 测序技术的应用

伴随着不断发展的生物学技术，科学家对各种生物学现象和疾病种类的研究不再仅仅关注于单个基因或位点的作用，而全基因组的研究已逐步被重视和明确。朱琳等介绍了测序技术在肿瘤研究、诊疗和治疗中的应用。艾铄等对测序技术在气体微生物、水环境微生物和土壤微生物中的应用作了详细的阐述。Hu 等用第二代测序技术研究了 25 种不同环境胁迫下的水稻的 4 种不同组织的 miRNA 动态表达，结果表明一半以上的 miRNA 前体茎环结构发生了变化。利用第三代测序（third generation sequencing, TGS）技术，加州大学圣克鲁斯分校联合美国 NHGRI 首次合成了人类 X 染色体的完整序列，为血友病等多种疾病的治疗提供了研究基础。Tilgner 等执行了三个淋巴母细胞转录组家族 PacBio 和 Illumina 的组合序列，这种方法产生的读数能代表一个转录本的所有剪接位点。李琼琼等通过对 16S 基因测序分析并结合 RiboPrinter 鉴定系统对不同种葡萄球菌进行鉴定，发现制药企业生产环境中污染的凝固酶阴性葡萄球菌有潜在致病性。

1.6　生物信息学分析

生物信息学（bioinformatics）将蛋白质和核酸等一些生物大分子作为研究对象，通过运用计算机科学和数学等来获取、处理、储存、检索、分析原始数据，以此深入认识生物过程并揭示生物学含义。生物信息学包括汇集、梳理并提供大量数据，以及发掘新规律两大部分。生物信息学不仅仅是应用性学科，实际上还是既重视理论概念又重视实践应用的学科，其学术商业价值较高，且有良好的发展前景。

噬菌体基因组生物信息学分析的意义在于揭示噬菌体的生物学特性、进化历史和与宿主细菌的相互作用。这些信息不仅有助于人们更好地理解噬菌体的生态学和病理学，还为噬菌体疗法的开发提供了理论基础。此外，噬菌体基因组中的功能基因也为基因工程和生物技术应用提供了丰富的资源。总之，噬菌体基因组生物信息学的发展为人们深入了解噬菌体提供了新途径，对推动生物学和医学研究具有重要意义。

随着人类基因组计划的实施，生物信息学逐渐兴起，大致经历了以下阶段：第一阶段是前基因组时代，包括创建生物数据库、研发搜索引擎、剖析 DNA 与蛋白质序列；第二阶段是基因组时代，包括海量核苷酸测序、解析、搜索和鉴定新基因，构建网络数据库系统，详尽剖析基因组信息等；第三阶段是后基因组时代，包括对蛋白质组学的探究、对人类基因组的注解等。生物信息学相关发展历程如表 1-5 所示。

表 1-5　生物信息学相关发展历程

年份	生物信息学相关事件
1946	第一台通用型计算机 ENIA 诞生
1953	DNA 双螺旋结构被 Watson 和 Crick 首次提出
1955	Sanger 第一次检测蛋白的序列，这为后期更进一步的发展打下了坚实的基础
1962	Pauling 提出分子进化理论
1967	Dayhoff 构建首个蛋白质序列数据库
1970	首个应用于序列比较的 Needleman-Wunsch 算法被提出
1971	目前广泛应用的 PDB 数据库在美国创建
1974	欧洲分子生物学实验室（EMBL）成立
1977	Sanger 第一次对基因组的序列进行测定，并发表了 DNA 测序所用的方法
1980	Wuthrich 创造了一种可以通过 NMR 技术对溶液里的生物大分子进行检测的方法；同年，还建立了 EM-BL 核酸序列库
1981	用于序列比对的 Smith-Waterman 算法发表
1982	GenBank 数据库建立；同年，X 噬菌体基因组测序完成
1984	日本 NIG 开始提供生物信息服务
1985	PCR 技术（聚合酶链式反应）应运而生
1986	人类基因组计划设想首次在 Science 杂志上正式提出；创建了 Swissprot 蛋白序列数据库
1987	DNA 数据库 DDBJ 的第一版被日本 NIG 首次发布
1988	用来进行检索比对序列的 FASTA 算法被 Pearson 和 Lipman 发布；设立了 NCBI 和人类基因组组织（HUGO），而且 GenBank 同 EMBL 和 DDBJ 通过互换数据共同协作确保相关序列信息的完整性
1989	生物信息学由林华安首次提出；美国 Affymetrix 公司研发了第一张基因芯片；美国国家人类基因组研究中心成立
1990	有关人类基因组计划（HGP）的研究得到了美国国会的准许，英法意德日中一些国家也跟随其后；BLAST 算法发表
1991	表达序列标签（expressed sequence tag, EST）建立
1992	Venter 在美国马里兰州建立基因组研究所（TIGR），成为细菌基因组测序先行者

年份	生物信息学相关事件
1994	欧洲生物信息学研究所成立
1995	TIGR 通过建立全基因组鸟枪测序法对流感嗜血杆菌的全基因组序列进行了测定
1996	第一个真核生物——酿酒酵母的全基因组测序完成；同年，Affymetrix 公司开始销售商用基因芯片
1997	目前最常用的模式生物——*E. coli* 全基因组测序完成；同年，PSI-BLAST 算法发表
1998	完成了对第一个多细胞真核生物——线虫的基因组测序
2000	完成了对第一个多细胞植物——拟南芥的基因组测序；同年，黑腹果蝇基因组测序完成
2001	人类基因组测序草图发表在 Science 和 Nature 杂志上
2002	水稻、小鼠基因组草图公布
2003	人类基因组计划完成，随后跨进后基因组时代

　　噬菌体的生物信息学分析主要包括：原始数据质量评估和前处理，通过 FastQC 和 Trimmomatic 对测序的原始数据进行质量评估及剪切。噬菌体基因组序列的拼接组装，使用 SPAdes 拼接测序数据。用 GapFiller 和 PrInSeS-G 进行补充和序列矫正。噬菌体基因组注释与进化分析，通过比较基因组序列，使用如 MEGA、RAxML 等软件构建进化树来实现。还可以通过比较基因组结构和基因内容，分析噬菌体的分类和进化趋势。噬菌体的基因组分析依赖于数据库中已记录的基因组信息，导致现有的数据库无法对新的噬菌体基因组序列进行分析，这仍然是噬菌体生物信息学分析的一大难题。

参 考 文 献

[1] AWAD A M, EL-SHALL N A, KHALIL D S, et al. Incidence, pathotyping, and antibiotic susceptibility of avian pathogenic *Escherichia coli* among diseased broiler chicks [J]. Pathogens, 2020, 9 (2): 114.

[2] BEN-ZAKEN H, KRAITMAN R, COPPENHAGEN-GLAZER S, et al. Isolation and characterization of *Streptococcus mutans* phage as a possible treatment agent for caries [J]. Viruses, 2021, 13 (5): 825.

[3] BUSH N G, DIEZ-SANTOS I, ABBOTT L R, et al. Quinolones: Mechanism, lethality and their contributions to antibiotic resistance [J]. Molecules, 2020, 25 (23): 5662.

[4] BYEON H M, VODYANOY V, OH J H, et al. Lytic phage-based magnetoelastic biosensors for on-site detection of methicillin-resistant *Staphylococcus aureus* on spinach leaves [J]. Journal of the Electrochemical Society, 2015, 162 (8): B230-B235.

[5] CHEN Z, GUO Z, LIN H, et al. The feasibility of phage therapy for periodontitis [J]. Future Microbiol, 2021, 16: 649-656.

[6] DU X X, WANG J F, FU Y, et al. Genetic characteristics of bla_{NDM-1}-positive plasmid in

Citrobacter freundii isolate separated from a clinical infectious patient [J]. Journal of Medical Microbiology, 2013, 62 (9): 1332-1337.

[7] GOUVÊA D M, MENDONÇA R C S, SOTO M L, et al. Acetate cellulose film with bacteriophages for potential antimicrobial use in food packaging [J]. LWT-Food Science and Technology, 2015, 63 (1): 85-91.

[8] HALAWA E M, FADEL M, AL-RABIA M W, et al. Antibiotic action and resistance: Updated review of mechanisms, spread, influencing factors, and alternative approaches for combating resistance [J]. Frontiers in Pharmacology, 2023, 14: 1305294.

[9] KIM S G, JUN J W, GIRI S S, et al. Isolation and characterisation of pVa-21, a giant bacteriophage with anti-biofilm potential against *Vibrio alginolyticus* [J]. Scientific Reports, 2019, 9 (1): 6284.

[10] MANCUSO G, MIDIRI A, GERACE E, et al. Bacterial antibiotic resistance: The most critical pathogens [J]. Pathogens, 2021, 10 (10): 1310.

[11] MEGUENNI N, CHANTELOUP N, TOURTEREAU A, et al. Virulence and antibiotic resistance profile of avian *Escherichia coli* strains isolated from colibacillosis lesions in central of Algeria [J]. Veterinary World, 2019, 12 (11): 1840-1848.

[12] OLSVIK O, WASTESON Y, LUND A, et al. Pathogenic *Escherichia coli* found in food [J]. International Journal of Food Microbiology, 1991, 12 (1): 103-113.

[13] PAPADOPOULOU A, DALSGAARD I, WIKLUND T. Inhibition activity of compounds and bacteriophages against *Flavobacterium psychrophilum* biofilms *in vitro* [J]. Journal of Aquatic Animal Health, 2019, 31 (3): 225-238.

[14] PHAM T D M, ZIORA Z M, BLASKOVICH M A T. Quinolone antibiotics [J]. MedChemComm, 2019, 10 (10): 1719-1739.

[15] RUSU A, MUNTEANU A C, ARBANASI E M, et al. Overview of side-effects of antibacterial fluoroquinolones: New drugs versus old drugs, a step forward in the safety profile? [J]. Pharmaceutics, 2023, 15 (3): 804.

[16] SAHA M, SARKAR A. Review on multiple facets of drug resistance: A rising challenge in the 21st century [J]. Journal of Xenobiotics, 2021, 11 (4): 197-214.

[17] SHIVARAM K B, BHATT P, APPLEGATE B, et al. Bacteriophage-based biocontrol technology to enhance the efficiency of wastewater treatment and reduce targeted bacterial biofilms [J]. Science of the Total Environment, 2023, 862: 160723.

[18] SPENCER A C, PANDA S S. DNA gyrase as a target for quinolones [J]. Biomedicines, 2023, 11 (2): 371.

[19] STEWART G S, JASSIM S A, DENYER S P, et al. The specific and sensitive detection of bacterial pathogens within 4 h using bacteriophage amplification [J]. Journal of Applied Microbiology, 1998, 84 (5): 777-783.

[20] TILGNER H, GRUBERT F, SHARON D, et al. Defining a personal, allele-specific, and single-molecule long-read transcriptome [J]. Proceedings of the National Academy of Sciences of the United States of America, 2014, 111 (27): 9869-9874.

［21］ TU V Q, NGUYEN T T, TRAN X T T, et al. Complete genome sequence of a novel lytic phage infecting *Aeromonas hydrophila*, an infectious agent in striped catfish (*Pangasianodon hypophthalmus*) ［J］. Archives of Virology, 2020, 165 (12): 2973-2977.

［22］ WEBSTER C M, SHEPHERD M. A mini-review: Environmental and metabolic factors affecting aminoglycoside efficacy ［J］. World Journal of Microbiology and Biotechnology, 2022, 39 (1): 7.

［23］ WELLINGTON E M, BOXALL A B, CROSS P, et al. The role of the natural environment in the emergence of antibiotic resistance in gram-negative bacteria ［J］. Lancet Infectious Diseases, 2013, 13 (2): 155-165.

［24］ XIANG Y, MA C, YIN S, et al. Phage therapy for refractory periapical periodontitis caused by *Enterococcus faecalis in vitro* and *in vivo* ［J］. Applied Microbiology and Biotechnology, 2022, 106 (5/6): 2121-2131.

［25］ 艾铄, 张丽杰, 肖芃颖, 等. 高通量测序技术在环境微生物领域的应用与进展 ［J］. 重庆理工大学学报 (自然科学), 2018, 32 (9): 111-121.

［26］ 陈朴然, 符翔, 郭志强, 等. 噬菌体的特性及其在动物生产中的应用 ［J］. 动物营养学报, 2023, 35 (9): 5589-5597.

［27］ 丁云娟. 副溶血弧菌噬菌体 qdvp001 的分离鉴定及其在牡蛎净化中的初步应用 ［D］. 青岛: 中国海洋大学, 2012.

［28］ 黄士轩, 朱斌, 何嘉欣, 等. 噬菌体分类学技术进展 ［J/OL］. 现代食品科技, 1-13. ［2024-06-26］. https: //doi. org/10. 13982/j. mfst. 1673-9078. 2024. 9. 1146.

［29］ 李晓慧, 唐亮, 刘崇, 等. 异种血管内皮生长因子基因重组 T7 噬菌体疫苗对小鼠 Lewis 肺癌的抑制作用 ［J］. 癌症, 2006 (10): 1221-1226.

［30］ 李琼琼, 宋明辉, 秦峰, 等. 制药企业生产环境中污染葡萄球菌菌种鉴定方法的比较评价及毒素基因调查分析 ［J］. 中国医药工业杂志, 2019, 50 (4): 416-421.

［31］ 李嗣源, 赵婷婷, 陈羽翔, 等. 噬菌体疗法及其在畜禽养殖过程中的应用 ［J］. 山东畜牧兽医, 2024, 45 (4): 87-89.

［32］ 李忆博, 刘桢, 罗文欣, 等. 噬菌体在口腔医学领域的应用研究进展 ［J］. 中国实用口腔科杂志, 2023, 16 (5): 630-634.

［33］ 李永强, 解廷宸, 赵仕杰, 等. 动物源食品中革兰氏阴性菌耐药性研究进展 ［J］. 食品安全质量检测学报, 2024, 15 (10): 1-7.

［34］ 刘凯迪, 罗华东, 王琳琳, 等. 东南沿海地区水禽源大肠杆菌耐药表型及耐药基因型的调查 ［J］. 中国畜牧兽医, 2021, 48 (12): 4690-4701.

［35］ 钱梦茹. 多粘菌素 B 的作用机制研究新进展 ［J］. 甘肃医药, 2019, 38 (5): 397-399, 421.

［36］ 师帅, 吴春, 陆萍, 等. 4 种碳青霉烯类抗生素的药理学特点及临床应用评价 ［J］. 中外女性健康研究, 2019 (2): 110, 115.

［37］ 汤雨晴, 叶倩, 郑维义. 抗生素类药物的研究现状和进展 ［J］. 国外医药 (抗生素分册), 2019, 40 (4): 295-301.

［38］ 王嘉威, 贺永超, 乔元明, 等. 噬菌体特性及应用研究进展 ［J］. 山东畜牧兽医, 2024,

45（3）：77-80，84.

［39］ 王少辉.禽致病性大肠杆菌 DE205B 黏附及侵袭相关因子的致病作用［D］.南京：南京农业大学，2011.

［40］ 张琳美.大环内酯类抗菌药物治疗慢性气道炎性疾病的研究进展［J］.现代诊断与治疗，2023，34（22）：3345-3348.

［41］ 张勋，林昊兵，孙念，等.2015 年安徽省细菌耐药监测分析［J］.安徽医药，2016，20（10）：1944-1949.

［42］ 赵晓苇，陈方圆，危宏平，等.噬菌体裂解酶 LysP53 漱口水的制备与评价［J］.口腔医学研究，2023，39（6）：553-557.

［43］ 朱琳.第二代测序技术在肿瘤治疗中的应用［J］.临床医药文献电子杂志，2017，4（23）：4526-4527.

2 肉品中的大肠埃希氏菌耐药株的生物学性状分析

大肠埃希氏菌作为革兰氏阴性兼性厌氧菌，是一种众所周知的与人类形成共生关系的条件致病菌，在自然界中分布广泛。由于它在粪便中大量存在（10^7 ~ 10^8 CFU/g），还可以随着人和动物的排泄物排出，因此长期以来被用作食品、饮用水等粪源性污染的细菌学通用指标之一。大肠埃希氏菌作为包括人类在内的温血动物正常微生物群落的一部分，在肠道菌群中定殖，在对抗肠道其他病原菌、维持肠道微生态平衡等方面发挥着无可替代的作用。正常情况下大肠埃希氏菌不会产生致病性，但在特殊情况下，比如食用了被致病性大肠埃希氏菌污染的食物，使菌群失调，会引起人类和动物患病，因此人们大量使用抗菌药物以杀灭大肠埃希氏菌，然而在无形中增加了细菌种群的压力，促进了耐药细菌的产生，多重耐药性越来越强，细菌耐药问题日益突出。

抗菌药物不仅被应用在临床治疗中，还在农业及水产养殖业、畜牧业广泛应用。目前，全球都在关注由抗菌药物耐药菌引起的传染病的暴发和传播。据报道，全球每年死于抗菌药物耐药细菌的人数约为70万人，但到2050年，这一数字可能超过1000万人。市场销售数据显示，中国是世界上最大的抗菌药物生产者和消费者。在生产实践中，抗菌药物通常用于预防和控制致病菌感染。然而，随着抗菌药物的使用，尤其是不按标准使用，比如长期低剂量使用抗菌促生长剂、盲目用药和过量用药等，导致了耐药菌的产生；此外，耐药基因的快速传播和多重耐药菌的出现也加剧了大肠埃希氏菌的耐药性问题。而且长期以来，耐药基因不断突变，使得现有的抗菌药物对病原菌无法产生较好的清除效果，研发新型抗菌药物的进度较为漫长，耐药菌日益泛滥，这严重威胁着人类的健康。

国内外有研究表明，大肠埃希氏菌在众多细菌中是较为容易产生耐药基因从而获得耐药性的细菌，这可能与其自身特性、由质粒介导耐药基因的传递以及抗菌药物的使用情况等其他因素有关。一旦大肠埃希氏菌变成耐药菌，耐药谱越来越广，耐药机制也随之增加，其耐药性的发展就会变得越来越严重，从细菌的角度来看，耐药种类越来越多；从药物角度看，耐药率由低逐渐升高。细菌的耐药性愈发严重，尤其是大肠埃希氏菌，其带来的损害非常严重，给感染的预防和控制带来困难，威胁着人类健康。因此深入研究耐药菌的耐药性及其传递机制，并积极开发新型抗菌药物，抑制耐药菌的扩散以及耐药性的增强，延缓其进程，具有非常重要的意义。

对抗菌药物的使用情况严加管制，拒绝滥用抗菌药物；在使用时，要选择合适的抗菌药物，并严格控制用法用量，拒绝不合理使用，避免有新耐药菌的产生。了解耐药菌的耐药谱和流行趋势，合理选择抗菌药物并控制剂量；加快新型抗菌药物的研发进度；避免交叉感染，严格落实隔离和消毒措施。不仅要用传统的理念研发一些新的抗菌药物，还要用一些新的方法和手段解决细菌耐药问题。

为更深入了解本实验室前期从肉样品中分离的大肠埃希氏菌耐药基因的流行情况，以及控制耐药基因的传递，对其进行了耐药谱分析、耐药基因筛查及质粒接合转移实验，以期为制定科学合理的防控措施、减缓细菌耐药性的传播、降低对人类健康和公共卫生安全威胁提供一定的数据支持。

2.1 从肉品中分离大肠埃希氏菌耐药株所需材料与仪器

2.1.1 材料

LB 肉汤培养基（青岛高科技工业园海博生物技术有限公司），LB 琼脂培养基（北京奥博星生物技术有限责任公司），麦康凯（MAC）琼脂培养基（美国 BD 公司），EMB 琼脂培养基（青岛高科技工业园海博生物技术有限公司），Mueller-Hinton（MH）培养基（美国 BD 公司），琼脂糖（英国 OXOID 公司），10×PCR 缓冲液（实验室自制），利福平（美国 Sigma 公司），dNTPs（美国 Sigma 公司），DNA Marker DL2000 [宝生物工程（大连）有限公司]，Taq DNA 聚合酶、Pfu DNA 聚合酶（美国 Thermo Scientific 公司）。

2.1.2 主要仪器

超低温冰箱（日本 SANYO 公司），立式自动压力蒸汽灭菌器 [致微（厦门）仪器有限公司]，SW-CJ-2F 超净工作台（苏州安泰空气技术有限公司），海尔−20 ℃冰箱和冰柜（海尔集团公司），SPX-25 生化培养箱（宁波海曙赛福实验仪器厂），恒温培养摇床（武汉瑞华仪器设备有限责任公司），5804R 高速冷冻离心机（德国 Eppendorf 公司），Eppendorf 5417R 小型台式高速离心机（德国 Eppendorf 公司），分析天平 BP310S（德国 Sartorius 公司），测序仪 Miseq（美国 Illumina 公司），DYY-6C 型电泳仪（北京六一生物科技有限公司），Gel Doc XR+全自动凝胶成像仪（美国 BIO-RAD 公司），PE VictorX3 酶标仪（美国 PerkinElmer 公司）。

2.2 从肉品中分离大肠埃希氏菌耐药株的方法

2.2.1 耐药菌株的分离与鉴定

（1）菌株的分离：在实验前期，通过对河北省石家庄市的多重耐药菌污染情况调查发现，耐药菌污染程度较为严重，因此决定于石家庄市的零售市场进行采样，采集的样品为肉类。首先将肉类样品进行均质，后置于灭菌的锥形瓶中，加入 30 mL 灭菌的 LB 肉汤，摇匀后将锥形瓶放置于恒温摇床中进行增菌，将培养条件设置为 37 ℃、160 r/min、12~18 h。增菌结束后，用移液枪从锥形瓶中吸取 1 mL 的增菌液到麦康凯固体培养基上，将增菌液涂布均匀，在室温下放置 10 min，然后在 37 ℃中培养 12 h。挑取长好的菌落在新的培养基上再次纯化培养，在培养后的麦康凯固体培养基上选择几个粉红色不透明的菌落，转移到 EMB 固体培养基上进行传代培养。然后挑出生长较好的并带有黑色金属光泽的不透明菌落，用接种环在 LB 固体培养基上涂布均匀，在 37 ℃条件下，培养 12~18 h。最后用含有 15%甘油的 LB 肉汤保种，并标记好序号保存在–80 ℃中以备后用。

（2）菌株的鉴定：通过 16S rRNA 基因测序技术来鉴定分离株。首先把在–80 ℃超低温冰箱中保存的菌液拿出来解冻，从解冻的菌液中取一环菌液在 LB 固体培养基上三区划线进行复苏，在 37 ℃下培养 12~18 h。从复苏后的菌落中挑出生长较好的单菌落，接种在 1 mL 灭菌的 LB 液体培养基中，在 37 ℃条件下、以 160 r/min 的速度进行培养。接着将培养好的菌悬液以 10000 r/min 的速度离心 90 s，上清液倒掉，加 100 μL 的 ddH$_2$O，放入 PCR 仪，99 ℃、8 min 煮沸裂解后，6000 r/min 离心 2 min，得到的上清液便是细菌基因组 DNA 模板。然后开始配制 50 μL 体系（见表 2-1），配制好的 50 μL 体系放入 PCR 仪进行 DNA 扩增（引物序列见表 2-2）；扩增程序设为 94 ℃、4 min，94 ℃、30 s；退火温度为 50 ℃（30 s）、72 ℃（90 s）；30 个循环，72 ℃、10 min。将扩增产物于琼脂糖凝胶电泳跑胶，电压 110V，时间 30 min，最后查看电泳条带的结果。将对应条带位置为 1500 bp 的扩增产物送到生工进行测序，通过 DNA Star 中的 SeqMan 软件对生工测序的结果进行拼接，并放入 NCBI 数据库中进行 BLAST 比对。

表 2-1 基因鉴定 PCR 体系

步 骤	母液成分	终成分	添加量/μL
第一步	2 ng/μL 模板	10 ng	5
第二步	10×Buffer	1×	5
	10 mmol/L dNTPs	0.1 mmol/L	0.5

步　骤	母　液　成　分	终成分	添加量/μL
第二步	Fermentas Taq 酶（5 U/μL）	2 U	0.4
	Pfu 酶（5 U/μL），可选	0.5 U	0.1
	10 μmol/L 引物 F	0.1 μmol/L	0.5
	10 μmol/L 引物 R	0.1 μmol/L	0.5
第三步	ddH_2O		38

表 2-2　16S rRNA 基因扩增通用引物序列

引物名称	引　物　序　列	片段长度/bp	退火温度/℃
27F	YMAGAGTTTGATYMTGGCTCAG	约 1500	52
1492R	TACCTTGTTACGACTT		

注：Y=T/C，M=A/C。

2.2.2　纸片扩散法测定药物敏感性

根据最新版本的美国临床与实验室标准协会（CLSI）的判定方法，对大肠埃希氏菌进行药敏试验，具体操作步骤如下：

（1）制备 MH、LB 琼脂培养基，将灭菌锅的温度设为 121 ℃（30 min），对配置好的 MH 和 LB 琼脂培养基进行灭菌，然后将灭菌的培养基倒进无菌的培养皿中，待培养基在培养皿中凝结成固体后盖上培养基盖，最后放在 4 ℃冰箱中进行保存。

（2）在 LB 固体平板上进行分离纯化，然后放在 37 ℃下培养 12~18 h，在 LB 平板上挑取单克隆菌落 1~2 个，调节菌悬液的浓度，使菌悬液的浓度维持在 0.5 麦氏浊度单位左右即可。

（3）把无菌棉签放入管内的菌悬液中，待无菌棉签浸湿后，在 MH 平板的表面和四周边缘涂布均匀，然后待其干燥到一定程度，就可以准备贴药敏纸片。

（4）首先将镊子在酒精灯的外焰上灼烧几秒进行灭菌，等镊子放凉后，从药瓶中夹出选好的药敏纸片，然后放在 MH 平板上，控制好每个药敏纸片之间的距离，将贴好的药敏纸片轻轻按压，使药敏纸片与固体培养基完全贴合。

（5）需要把握好时间，尽快将所有药敏纸片贴完，最后将其放入培养箱中进行培养，待其完成过夜培养后，按 CLSI 标准来判断实验结果（见表 2-3），记录好数据。

表 2-3　纸片扩散法（K-B 法）药敏试验及药敏判别标准

药　　物	药物浓度/(μg·片$^{-1}$)	耐药折点 [抑菌圈直径（mm）/敏感性]	耐药折点参考标准
头孢唑啉	30	≤14/R，≥18/S	
头孢他啶	30	≤17/R，≥21/S	
亚胺培南	10	≤19/R，≥23/S	CLSI-M45
环丙沙星	5	≤15/R，≥21/S	
阿奇霉素	10	≥13/S，≤12/R	
阿米卡星	30	≤14/R，≥17/S	CLSI-M45
庆大霉素	15	≥19/S，≤14/R	
四环素	30	≤11/R，≥15/S	FDA
磷霉素	200	≥16/S，≤12/R	
氯霉素	30	≤12/R，≥18/S	CLSI-M45
复方新诺明	23.75/1.225	≥16/S，≤10/R	
多黏菌素 E	10	≥11/S，≤10/R	FDA

注：表中数字代表对应的抑菌圈直径，S 代表敏感，R 代表耐药。

2.2.3　耐药基因筛查

筛查耐药谱较广的菌株的耐药基因，选用实验室已有的喹诺酮类基因、超广谱 β-内酰胺酶基因、碳青霉烯酶基因、大环内酯类基因、黏菌素基因的引物进行筛查。以上所述的耐药基因引物是上海生工所合成的，耐药基因特异性引物如表 2-4～表 2-6 所示。

表 2-4　碳青霉烯酶基因片段引物

靶基因	引物名称	引物序列	产物大小/bp	退火温度/℃
bla_{GES}	GES-F	GCTTCATTCACGCACTATT	323	52
	GES-R	CGATGCTAGAAACCGCTC		
bla_{KPC}	KPC-F	GTATCGCCGTCTAGTTCTGC	638	56
	KPC-R	GGTCGTGTTTCCCTTTAGCC		
bla_{SME}	SME-F1	GAGGAAGACTTTGATGGGAGGAT	334	52
	SME-R1	TCCCCTCAGGACCGCCAAG		
bla_{IMI}	IMI-F	TGCGGTCGATTGGAGATAAA	399	52
	IMI-R	CGATTCTTGAAGCTTCTGCG		
bla_{BIC}	BIC-F	TATGCAGCTCCTTTAAGGGC	537	52
	BIC-R	TCATTGGCGGTGCCGTACAC		

靶基因	引物名称	引 物 序 列	产物大小/bp	退火温度/℃
bla_{IMP}	IMP-F	GGAATAGAGTGGCTTAAYTCTC	232	56
	IMP-R	uAAAACAACCACC		
bla_{VIM}	VIM-F	GATGGTGTTTGGTCGCATA	390	52
	VIM-R	CGAATGCGCAGCACCAG		
bla_{NDM}	NDM-F	GGTTTGGCGATCTGGTTTTC	621	56
	NDM-R	CGGAATGGCTCATCACGATC		
bla_{TMB}	TMB-F	CAAGGAGCTCATTCAAAGG	213	52
	TMB-R	TTCTAGCGGATTGTGGCCAC		
bla_{SPM}	SPM-F	AAAATCTGGGTACGCAAACG	271	52
	SPM-R	ACATTATCCGCTGGAACAGG		
bla_{DIM}	DIM-F	GCTTGTCTTCGCTTGCTAACG	699	52
	DIM-R	CGTTCGGCTGGATTGATTTG		
bla_{GIM}	GIM-F	TCGACACACCTTGGTCTGAA	477	52
	GIM-R	AACTTCCAACTTTGCCATGC		
bla_{SIM}	SIM-F	TACAAGGGATTCGGCATCG	570	52
	SIM-R	TAATGGCCTGTTCCCATGTG		
bla_{AIM}	AIM-F	CTGAAGGTGTACGGAAACAC	322	52
	AIM-R	GTTCGGCCACCTCGAATTG		
bla_{SMB}	SMB-F	CAGCAGCCATTCACCATCTA	492	52
	SMB-R	GAAGACCACGTCCTTGCACT		
bla_{OXA}	OXA-23-F	GATCGGATTGGAGAACCAGA	501	56
	OXA-23-R	ATTTCTGACCGCATTTCCAT		
	OXA-24-F	GGTTAGTTGGCCCCCTTAAA	246	52
	OXA-24-R	AGTTGAGCGAAAAGGGGATT		
	OXA-48-F	TTGGTGGCATCGATTATCGG	744	52
	OXA-48-R	GAGCACTTCTTTTGTGATGGC		
	OXA-58-F	AAGTATTGGGGCTTGTGCTG	599	56
	OXA-58-R	CCCCTCTGCGCTCTACATAC		
	OXA-143-F	TGGCACTTTCAGCAGTTCCT	149	52
	OXA-143-R	TAATCTTGAGGGGGCCAACC		
	OXA-235-F	TTGTTGCCTTTACTTAGTTGC	768	52
	OXA-235-R	CAAAATTTTAAGACGGATCG		

表 2-5 超广谱 β-内酰胺酶基因片段引物

靶基因	引物名称	引 物 序 列	产物大小/bp	退火温度/℃
bla_{CTX-M} universal	CTX-M-UF	ATGTGCAGYACCAGTAARGT	593	52
	CTX-M-UR	TGGGTRAARTARGTSACCAGA		
$bla_{CTX-M-1}$ group	CTX-M-1GF	AAAAATCACTGCGCCAGTTC	415	52
	CTX-M-1GR	AGCTTATTCATCGCCACGTT		
$bla_{CTX-M-2}$ group	CTX-M-2GF	CGACGCTACCCCTGCTATT	552	52
	CTX-M-2GR	CCAGCGTCAGATTTTTCAGG		
$bla_{CTX-M-8}$ group	CTX-M-8GF	TCGCGTTAAGCGGATGATGC	666	52
	CTX-M-8GR	AACCCACGATGTGGGTAGC		
$bla_{CTX-M-9}$ group	CTX-M-9GF2	ATGGTGACAAAGAGAGTGCA	869	52
	CTX-M-9GR2	CCCTTCGGCGATGATTCTC		
	CTX-M-9GF3	TCAAGCCTGCCGATCTGGT	561	52
	CTX-M-9GR3	TGATTCTCGCCGCTGAAG		
$bla_{CTX-M-25}$ group	CTX-M-25GF	GCACGATGACATTCGGG	327	52
	CTX-M-25GR	AACCCACGATGTGGGTAGC		
bla_{TEM}	TEM-F	CATTTCCGTGTCGCCCTTATTC	800	52
	TEM-R	CGTTCATCCATAGTTGCCTGAC		
bla_{SHV}	SHV-F	AGCCGCTTGAGCAAATTAAAC	713	52
	SHV-R	ATCCCGCAGATAAATCACCAC		
bla_{GES}	GES-ESBL-F	AGTCGGCTAGACCGGAAAG	399	52
	GES-ESBL-R	TTTGTCCGTGCTCAGGAT		
bla_{PER}	PER-F	GCTCCGATAATGAAAGCGT	520	52
	PER-R	TTCGGCTTGACTCGGCTGA		
bla_{VEB}	VEB-F	CATTTCCCGATGCAAAGCGT	648	52
	VEB-R	CGAAGTTTCTTTGGACTCTG		
bla_{OXA-1} group	OXA-1-F	GGCACCAGATTCAACTTTCAAG	564	52
	OXA-1-R	GACCCCAAGTTTCCTGTAAGTG		

靶基因	引物名称	引物序列	产物大小/bp	退火温度/℃
bla_{OXA-2} group	OXA-2-F	GACCAAGATTTGCGATCAGCAATGCG	256	52
	OXA-2-R	CYTTGACCAAGCGCTGATGTTCYACC		
bla_{OXA-10} group	OXA-10-F	CGCCAGAGAAGTTGGCGAAGTAAG	138	52
	OXA-10-R	GAAACTCCACTTGATTAACTGCGG		

表 2-6　其他耐药基因筛查用引物

靶基因	引物名称	引物序列	产物大小/bp	退火温度/℃
qnrA	qnrA-F1	CAGCAAGAGGATTTCTCACG	630	57
	qnrA-R1	AATCCGGCAGCACTATTACTC		
qnrB	qnrB-F1	GGCTGTCAGTTCTATGATCG	488	57
	qnrB-R1	SAKCAACGATGCCTGGTAG		
qnrC	qnrC-F1	GCAGAATTCAGGGGTGTGAT	118	57
	qnrC-R1	AACTGCTCCAAAAGCTGCTC		
qnrD	qnrD-F1	CGAGATCAATTTACGGGGAATA	581	57
	qnrD-R1	AACAAGCTGAAGCGCCTG		
qnrS	qnrS-F1	GCAAGTTCATTGAACAGGGT	428	57
	qnrS-R1	TCTAAACCGTCGAGTTCGGCG		
qnrVC	qnrVC-F1	GGATAAAACAGACCAGTTATATGTACAAG	444	57
	qnrVC-R1	AGATTTGCGCCAATCCATCTATT		
aac(6′)-Ib-cr	aac(6′)-Ib-cr-F1	TTGGAAGCGGGGACGGAM	260	57
	aac(6′)-Ib-cr-R1	ACACGGCTGGACCATA		
oqxAB	oqxAB-F1	CCGCACCGATAAATTAGTCC	313	57
	oqxAB-R1	GGCGAGGTTTTGATAGTGGA		
qepA	qepA-F1	GCAGGTCCAGCAGCGGGTAG	218	57
	qepA-R1	CTTCCTGCCCGAGTATCGTG		
mph(A)	mph(A)-F1	GTGAGGAGGAGCTTCGCGAG	403	56
	mph(A)-R1	TGCCGCAGGACTCGGAGGTC		
mph(B)	mph(B)-F1	GATATTAAACAAGTAATCAGAATAG	494	56
	mph(B)-R1	GCTCTTACTGCATCCATACG		
mph(D)	mph(D)-F1	AGCCAATTGCTACATGCGCTCT	756	56
	mph(D)-R1	GGGTTTACGAGCCAAGCAAGAA		

靶基因	引物名称	引物序列	产物大小/bp	退火温度/℃
mph(*E*)	mph(E)-F1	ATGCCCAGCATATAAATCGC	271	56
	mph(E)-R1	ATATGGACAAAGATAGCCCG		
erm(*A*)	erm(A)-F1	TCTAAAAAGCATGTAAAAGAAA	533	56
	erm(A)-R1	CGATACTTTTTGTAGTCCTTC		
erm(*B*)	erm(B)-F1	GAAAAAGTACTCAACCAAATA	639	45
	erm(B)-R1	AATTTAAGTACCGTTACT		
erm(*C*)	erm(C)-F1	TCAAAACATAATATAGATAAA	642	45
	erm(C)-R1	GCTAATATTGTTTAAATCGTCAAT		
ere(*A*)	ere(A)-F1	GCCGGTGCTCATGAACTTGAG	420	56
	ere(A)-R1	CGACTCTATTCGATCAGAGGC		
ere(*B*)	ere(B)-F1	TTGGAGATACCCAGATTGTAG	537	56
	ere(B)-R1	GAGCCATAGCTTCAACGC		
mef(*A*)	mef(A)-F1	AGTATCATTAATCACTAGTGC	345	56
	mef(A)-R1	TTCTTCTGGTACTAAAAGTGG		
msr(*A*)	msr(A)-F1	GCACTTATTGGGGGTAATGG	384	56
	msr(A)-R1	GTCTATAAGTGCTCTATCGTG		
msr(*E*)	msr(E)-F1	TATAGCGACTTTAGCGCCAA	395	56
	msr(E)-R1	GCCGTAGAATATGAGCTGAT		
aphA6	aphA6-F1	ATACAGAGACCACCATACAGT	235	55
	aphA6-R1	GGACAATCAATAATAGCAAT		
armA	armA-F1	CCGAAATGACAGTTCCTATC	846	55
	armA-R1	GAAAATGAGTGCCTTGGAGG		
rmtB	rmtB-F1	ATGAACATCAACGATGCCCT	769	55
	rmtB-R1	CCTTCTGATTGGCTTATCCA		
mcr-1	mcr-1-F	CGGTCAGTCCGTTTGTTC	309	56
	mcr-1-R	CTTGGTCGGTCTGTAGGG		
mcr-2	mcr-2-F	TGTTGCTTGTGCCGATTGGA	567	60
	mcr-2-R	CAGCAACCAACAATACCATCT		
mcr-3	mcr-3-F	AGTTTGGTTTCGCCATTTCATTAC	1084	58
	mcr-3-R	ATATCACTGCGTGGACAGTCAGG		
mcr-4	mcr-4-F	TTACAGCCAGAATCATTATCA	488	58
	mcr-4-R	ATTGGGATAGTCGCCTTTTT		

2.2.4 质粒接合转移

选用大肠埃希氏菌 EC600、大肠埃希氏菌 J53、大肠埃希氏菌 TB1 作为受体菌，详细步骤如下：

（1）配置好含有利福平、叠氮化钠、链霉素以及氨苄西林的药板，当受体菌在含有氨苄西林的药板上不能生长，供体菌可以生长，且受体菌在所对应的表现为耐药的药板上能生长，供体菌不能生长时，方能进行后续实验。

（2）制备两管灭菌的 LB 液体培养基，一管加美罗培南，用来接种供体菌，另一管不加美罗培南，用来接种受体菌，待供体菌和受体菌均接种完毕后，37 ℃、以 130 r/min 的速度进行振荡培养，当菌液的 OD_{595} 值在 1.0 左右时即可取出。

（3）取一个 10 mL 无菌的空离心管，将上个步骤制备好的受体菌菌液和供体菌菌液加进去，在 4 ℃条件下，以 5000 r/min 的速度进行离心，10 min 后将上清液丢掉，再用无菌的 LB 液体培养基进行洗菌并再次离心，继续用无菌的 LB 液体培养基混匀菌体，用无菌的镊子夹出灭菌的滤膜放在 LB 培养基上，最后把菌悬液滴加在滤膜上，让菌悬液完全浸透滤膜后，放在 37 ℃下培养 12～18 h。

（4）培养结束后，先制备灭菌的 LB 液体培养基，用 LB 液体培养基将滤膜上的菌体全都洗掉并混匀；然后制备 LB 双抗板，将混匀的菌悬液稀释多个梯度，取 100 μL 每个稀释梯度的菌悬液均匀地涂布在 LB 双抗板上，最后放在 37 ℃下培养 12～18 h。

（5）待培养结束后，观察平板生长情况，若平板上长出了单菌落，将单菌落三区划线在 LB 双抗板上传代培养，该单菌落目前还是疑似接合子，要继续进行鉴定。首先将供体菌的耐药谱和耐药基因作为参考，对疑似接合子进行耐药谱分析，并设计引物对疑似接合子进行耐药基因筛查；接着测定该疑似接合子的 16S rRNA 基因序列；如果经过以上鉴定可以确定该疑似接合子为接合子，说明质粒接合转移成功，需要对接合子进行保种。

2.3 从肉品中分离大肠埃希氏菌耐药株的结果

2.3.1 菌株的鉴定

对于耐药谱较广的三株菌，经过 PCR 扩增和电泳可以看到 5 个明亮的条带（见图 2-1）。通过将生工测序结果放进 NCBI 数据库中进行 BLAST 比对，可知 SPHJ15、SPHJ965、SPHJ1394 均为大肠埃希氏菌。

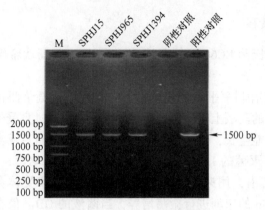

图 2-1　16S rRNA 电泳图

2.3.2　三个分离株的耐药谱鉴定

本书相关研究对所得到的全部菌株进行了耐药谱分析，最后选定 SPHJ15、SPHJ965、SPHJ1394 这三株多重耐药菌株，由表 2-7 菌株药敏试验结果可知，菌株 SPHJ15 只对多黏菌素 E 敏感，对亚胺培南中介耐药，这是一个不好的趋势，在将来可能会对亚胺培南从中介耐药发展为完全耐药；菌株 SPHJ965 和 SPHJ1394 都对多黏菌素 E 和亚胺培南表现为敏感，除此之外，菌株 SPHJ1394 还对环丙沙星表现为敏感。

表 2-7　菌株药敏试验结果

药物名称	药敏试验结果［抑菌圈直径（mm）/敏感性］		
	SPHJ15	SPHJ965	SPHJ1394
头孢唑啉	6/R	6/R	6/R
头孢他啶	7.88/R	12.86/R	16.33/R
亚胺培南	20.91/I	29.85/S	31.29/S
环丙沙星	7.58/R	6/R	25.62/S
阿奇霉素	9.31/R	6/R	6/R
阿米卡星	6/R	13.85/R	6/R
四环素	7.69/R	6/R	6/R
磷霉素	7.59/R	6/R	6/R
氯霉素	6/R	6/R	6/R
复方新诺明	7.69/R	6/R	6/R
多黏菌素 E	16.53/S	14.67/S	13.96/S

注：其中 R 代表菌株对该抗菌药物表现为耐药，I 代表中介耐药，S 代表敏感。

2.3.3 三株耐药菌耐药基因筛查

菌株 SPHJ15 的电泳结果见图 2-2，菌株 SPHJ15 携带了 bla_{IMI}、bla_{AIM}、$bla_{OXA-143}$、$bla_{CTX-M-1}$、bla_{TEM}、bla_{PER}、bla_{OXA-1}、bla_{KPC}、bla_{NDM}、$mph(A)$、$aacA4cr$、$oqxAB$ 共 12 种耐药基因。

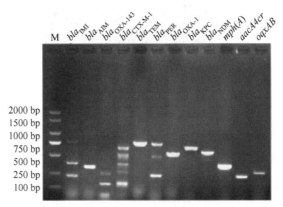

图 2-2　SPHJ15 大肠埃希氏菌的耐药基因

菌株 SPHJ965 的电泳结果如图 2-3 所示，在图中可以看到有 15 个明亮的条带，它们依次是 bla_{IMI}、bla_{AIM}、$bla_{OXA-143}$、bla_{CTX-M}、$bla_{CTX-M-1}$、bla_{TEM}、bla_{PER}、bla_{OXA-1}、bla_{KPC}、$mph(A)$、$mph(D)$、$mph(E)$、$msr(E)$、$aacA4cr$、$oqxAB$ 的耐药基因条带，说明菌株 SPHJ9655 携带了这 15 种耐药基因。

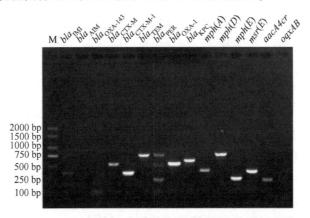

图 2-3　SPHJ965 大肠埃希氏菌的耐药基因

菌株 SPHJ1394 的电泳结果如图 2-4 所示，菌株 SPHJ1394 携带了共 9 种耐药基因，分别是 bla_{IMI}、bla_{AIM}、$bla_{OXA-143}$、bla_{CTX-M}、$bla_{CTX-M-1}$、bla_{TEM}、bla_{KPC}、$mph(A)$、$oqxAB$。

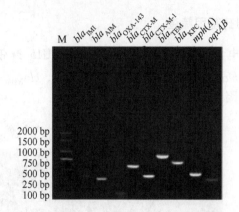

图 2-4   SPHJ1394 大肠埃希氏菌的耐药基因

2.3.4   质粒接合转移结果分析

首先测定菌株 SPHJ15、SPHJ965 及 SPHJ1394 对利福平和叠氮化钠的敏感性，由实验结果可知菌株 SPHJ15 对叠氮化钠敏感、对利福平不敏感，菌株 SPHJ1394 对利福平敏感、对叠氮化钠不敏感，菌株 SPHJ965 对利福平和叠氮化钠均不敏感，因此选用大肠埃希氏菌 J53 和 EC600 作为质粒接合转移的受体菌。供体菌和受体菌通过接合后，在双抗板上发现有单克隆菌落长出，因此初步判定为接合子。

对疑似接合子进行 11 种抗菌药物的耐药表型检测，发现接合子对这 11 种抗菌药物均表现出耐药，但不是对所有都耐药；其中供体菌 SPHJ15 对头孢唑啉、头孢他啶、环丙沙星、阿奇霉素、阿米卡星、四环素、磷霉素、氯霉素、复方新诺明表现为耐药，对多黏菌素 E 表现为敏感，对亚胺培南表现为中介耐药；而接合子 SPHJ15-J53 对头孢唑啉、头孢他啶、阿米卡星、四环素、磷霉素、复方新诺明表现为耐药，对氯霉素、阿奇霉素、多黏菌素 E 和亚胺培南表现为敏感，对环丙沙星表现为中介耐药；供体菌 SPHJ1394 对头孢唑啉、头孢他啶、阿奇霉素、阿米卡星、四环素、磷霉素、氯霉素、复方新诺明表现为耐药，对环丙沙星、多黏菌素 E 和亚胺培南表现为敏感；而接合子 SPHJ1394-EC600 对头孢唑啉、头孢他啶、阿奇霉素、阿米卡星、磷霉素、氯霉素、复方新诺明表现为耐药，对环丙沙星、四环素、多黏菌素 E 和亚胺培南表现为敏感。

通过 PCR 对接合子进行耐药基因筛查，然后和供体菌所携带的耐药基因进行比对分析。供体菌 SPHJ15 携带 12 种耐药基因，而接合子 SPHJ15-J53 被检出携带 11 种耐药基因，说明供体菌成功向受体菌 J53 转移了 11 种耐药基因，有一个 *mph*(A) 耐药基因未转移成功，供体菌 SPHJ15 与接合子 SPHJ15-J53 携带的耐药基因见图 2-5；供体菌 EC600 携带 9 种耐药基因，接合子 SPHJ1394-EC600 被检出携带 7 种耐药基因，供体菌成功向受体菌 EC600 转移了 7 种耐药基因，有两个耐药基因未转移成功，分别是 $bla_{OXA-143}$ 和 bla_{KPC} 耐药基因，供体菌与接合子携带耐药基因的结果见图 2-6。

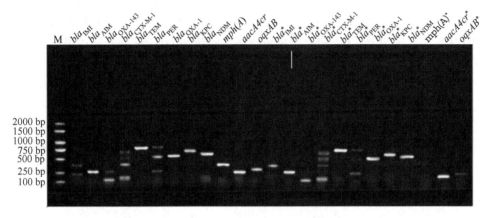

图 2-5　SPHJ15 和 SPHJ15-J53 耐药基因

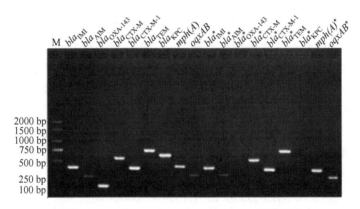

图 2-6　SPHJ1394 和 SPHJ1394-EC600 耐药基因

结果显示：对于某种抗菌药物，供体菌对其表现为耐药，而接合子却变得不耐药了，说明耐药基因要在同种菌株间进行传递，必须是由质粒携带的耐药基因，并通过质粒介导才能实现耐药性的水平传递。本书相关实验中的供体菌 SPHJ15 和 SPHJ1394 能够将其携带的耐药基因水平传递给同类型的菌株，说明它们均有质粒，且质粒上携带的耐药基因能与受体菌进行接合转移，表明耐药基因传播途径增加了，这会使菌株的耐药现象更为严重。

2.4 讨 论

本书相关研究从肉类样品中分离得到三株多重耐药大肠埃希氏菌，并对其进行了生物学性状分析；由药敏检测结果可知，这三株多重耐药大肠埃希氏菌均对多黏菌素 E 表现为敏感，另外菌株 SPHJ15 只对亚胺培南表现为中介耐药，菌株 SPHJ965 和菌株 SPHJ1394 对亚胺培南敏感，菌株 SPHJ1394 对环丙沙星敏感，呈多重耐药性。经耐药基因筛查可知菌株 SPHJ15 携带 12 种耐药基因，菌株 SPHJ965 共携带 15 种耐药基因，菌株 SPHJ1394 携带 9 种耐药基因。菌株对这些抗菌药物产生耐药性可能与其长时间的使用相关。菌株对多黏菌素 E 几乎不存在耐药现象，是因为多黏菌素 E 面世时间晚以及应用范围相对较小，因此在非必需的情况下应当尽量避免使用这类抗菌药物；复方新诺明、阿米卡星、氯霉素、磷霉素等常用的临床抗菌药物对菌株几乎不起作用，说明产生了耐药性，且随着耐药性的不断扩大，出现了交叉耐药以及多重耐药。

菌株对抗菌药物产生耐药性的机制很多，还有一部分未被研究透彻，需要不断进行探究，但耐药基因在分子水平上的产生和传递已被许多研究证实，比如 R 质粒，证实了有些天然耐药菌的核酸本身就携带耐药基因，除此之外，正常菌株在受到外界压力时，也会被迫产生耐药性并将获得的耐药性进行水平以及垂直传递，以质粒接合转移的方式进行耐药基因的传递是报道最多的，可能是由于质粒本身就可以进行自主复制，并可以携带耐药基因进行大范围扩散。本书相关实验中的大肠埃希氏菌也有携带着多种耐药基因的质粒，其在大肠埃希氏菌耐药性的传播过程中至关重要；由实验结果可知，大肠埃希氏菌 SPHJ15 对叠氮化钠敏感，大肠埃希氏菌 SPHJ1394 对利福平敏感，大肠埃希氏菌 SPHJ965 对二者均不敏感，大肠埃希氏菌 J53 作为受体菌与供体菌 SPHJ15 共培养，大肠埃希氏菌 EC600 作为受体菌与供体菌 SPHJ1394 共培养，经过双抗板筛选后，通过接合试验得到接合子菌株 SPHJ15-J53 和 SPHJ1394-EC600，说明大肠埃希氏菌 SPHJ15 和大肠埃希氏菌 SPHJ1394 的耐药性可以在不同大肠埃希氏菌之间转移，具有水平传播的能力，对这两株接合子再次进行药敏试验和耐药基因筛查发现，供体菌对某种抗菌药物耐药，但接合子却不会表现出耐药性，说明耐药基因不在质粒上，也有可能是质粒的不兼容性，导致耐药基因无法表现出耐药性，质粒接合转移的成功再次证实了由质粒介导耐药基因的传递在耐药性的传播扩散中发挥着重要作用。

参 考 文 献

[1] ALSAHLANI F, HAEILI M. Genetic alterations associated with colistin resistance development in

Escherichia coli [J/OL]. Microbial Drug Resistance, 2024. [2024-06-26]. https: //doi. org/ 10. 1089/mdr. 2024. 0026.

[2] ANGST D C, HALL A R. The cost of antibiotic resistance depends on evolutionary history in *Escherichia coli* [J]. BMC Evolutionary Biology, 2013, 13: 163.

[3] BAKKER A T, KOTSOGIANNI I, AVALOS M, et al. Discovery of isoquinoline sulfonamides as allosteric gyrase inhibitors with activity against fluoroquinolone-resistant bacteria [J/OL]. Nature Chemistry, 2024. [2024-06-26]. https: //doi. org/10. 1038/s41557-024-01516-x.

[4] CHEN S, ZHAI D, LI Y, et al. Study on the mechanism of inhibition of *Escherichia coli* by polygonum capitatum based on network pharmacology and molecular docking technology: A review [J]. Medicine (Baltimore), 2024, 103 (24): e38536.

[5] CHOI N, CHOI E, CHO Y J, et al. A shared mechanism of multidrug resistance in laboratory-evolved uropathogenic *Escherichia coli* [J]. Virulence, 2024, 15 (1): 2367648.

[6] DA SILVA G J, MENDONÇA N. Association between antimicrobial resistance and virulence in *Escherichia coli* [J]. Virulence, 2012, 3 (1): 18-28.

[7] DUTTA A, ISLAM M Z, BARUA H, et al. Acquisition of plasmid-mediated colistin resistance gene *mcr-1* in *Escherichia coli* of livestock origin in Bangladesh [J]. Microbial Drug Resistance, 2020, 26 (9): 1058-1062.

[8] FISCHBACH M A, WALSH C T. Antibiotics for emerging pathogens [J]. Science, 2009, 325 (5944): 1089-1093.

[9] GENG J, LIU H, CHEN S, et al. Comparative genomic analysis of *Escherichia coli* strains obtained from continuous imipenem stress evolution [J]. FEMS Microbiology Letters, 2022, 369 (1): 1-9.

[10] GURAGAIN M, BRICHTA-HARHAY D M, BONO J L, et al. Locus of heat resistance (LHR) in meat-borne *Escherichia coli*: Screening and genetic characterization [J]. Applied and Environmental Microbiology, 2021, 87 (7): e02343-20.

[11] KHAWAJA T, MÄKLIN T, KALLONEN T, et al. Deep sequencing of *Escherichia coli* exposes colonisation diversity and impact of antibiotics in Punjab, Pakistan [J]. Nature Communications, 2024, 15 (1): 5196.

[12] KHUSAINOV I, ROMANOV N, GOEMANS C, et al. Bactericidal effect of tetracycline in *E. coli* strain ED1a may be associated with ribosome dysfunction [J]. Nature Communications, 2024, 15 (1): 4783.

[13] MAIER L, PRUTEANU M, KUHN M, et al. Extensive impact of non-antibiotic drugs on human gut bacteria [J]. Nature, 2018, 555 (7698): 623-628.

[14] 安皓月, 谭超, 沈舒楚, 等. 大肠杆菌 CusS 的生物信息学分析及对银离子胁迫的响应 [J]. 微生物学报, 2024, 64 (4): 1187-1202.

[15] 曹磊. 玉米淀粉糖渣发酵制备乳酸活菌饲料 [D]. 无锡: 江南大学, 2010.

[16] 崔笑博. 禽源大肠杆菌的分离鉴定, 耐药性分析及联合药敏试验的研究 [D]. 泰安: 山东农业大学, 2014.

[17] 冯岭, 刘勃兴, 赵安奇, 等. 狐源致病性大肠杆菌流行病学及耐药性研究进展 [J]. 现

代畜牧兽医, 2020 (8): 58-61.

[18] 高成秀. 免疫胶体金技术快速检测大肠杆菌 O157 和志贺毒素 [D]. 上海: 上海交通大学, 2008.

[19] 胡晴玥, 李德志, 刘箐. 肠道噬菌体组生物信息学分析方法的研究进展 [J]. 微生物学杂志, 2022, 42 (3): 89-99.

[20] 黄昭鸿. 产志贺毒素大肠埃希氏菌标志性毒力基因 stx 快速检测与分型法的建立 [D]. 南昌: 江西师范大学, 2020.

[21] 李建航. 苍术消除致泻性大肠埃希氏菌耐药性的作用机制研究 [D]. 长春: 长春中医药大学, 2022.

[22] 李苗苗, 赵恒, 陶梦珂, 等. 阿米卡星诱导对大肠埃希氏菌耐药性及生物被膜和外排泵活性的影响 [J]. 动物医学进展, 2024, 45 (6): 83-89.

[23] 李晴, 张红娜, 刘玉庆, 等. 污水厂产超广谱 β 内酰胺酶大肠杆菌通过接合水平传递耐药性 [J]. 微生物学报, 2017, 57 (5): 681-689.

[24] 李忆博, 刘桢, 罗文欣, 等. 噬菌体在口腔医学领域的应用研究进展 [J]. 中国实用口腔科杂志, 2023, 16 (5): 630-634.

[25] 刘显君, 林洪, 玄冠华, 等. 荧光假单胞菌噬菌体对大西洋鲑贮藏过程中品质变化规律研究 [J]. 食品安全质量检测学报, 2024, 15 (10): 279-287.

[26] 裴亚玲. 鸡源大肠杆菌 ESBLs 基因型检测 [D]. 郑州: 河南农业大学, 2009.

[27] 宋客. 小柴胡汤对鸡大肠杆菌病治疗效果和安全性评价 [D]. 长春: 吉林大学, 2020.

[28] 苏日塔拉图. 奶牛主要疾病治疗用药调查研究 [J]. 北京农业, 2014 (30): 188.

[29] 王昌健. 猪源大肠杆菌的分离鉴定、耐药性分析及联合药敏试验的研究 [D]. 泰安: 山东农业大学, 2016.

[30] 魏麟, 黎晓英, 刘胜贵, 等. 湖南西部地区鸡大肠杆菌血清型分布及耐药性分析 [J]. 安徽农业科学, 2009, 37 (28): 3615-3617.

[31] 魏述永, 舒娅, 李蕊艳, 等. 重庆市动物源大肠杆菌、沙门杆菌耐药性调查 [J]. 黑龙江畜牧兽医, 2009 (7): 93-94.

[32] 张冬冬, 王红宁. 鸡源大肠杆菌中耐药基因 bla_{CTX-M} 的水平转移研究 [J]. 四川畜牧兽医, 2018, 45 (5): 26-28.

3　耐药株质粒基因组序列测定及其生物信息学分析

由于耐药菌迅速出现，其携带的耐药基因也在细菌间不断传递，使其成为全球性的问题。对其所携带的耐药基因、质粒分型及相同与不同细菌间的亲缘关系进行探究，对了解耐药质粒的结构和耐药机制，以及减缓耐药菌的传播有相当重要的意义。

生物信息学是一门通过计算机研究生物学数据的学科。通常在经过测序后，会产生海量的数据，如何分析这些数据，找到有价值性的信息，生物信息学分析在这里显得尤为重要。生物信息学分析通过计算机技术和信息技术，可快速详尽地认识耐药菌的特征，精细地剖析不同菌株间的进化关系，这为更深入地研究耐药菌提供了大量有效帮助，促进了医疗卫生、微生物学的快速发展。因此，本章为了更全面地分析耐药质粒，对其进行基因组序列测定、De Bruijn 图的基因拼接以及大片段文库构建，以期为相关研究人员提供一定的参考。

3.1　耐药株质粒基因组序列测定所需材料

LB 肉汤培养基（青岛高科技工业园海博生物技术有限公司），LB 琼脂培养基（北京奥博星生物技术有限责任公司），麦康凯（MAC）琼脂培养基（美国 BD 公司），EMB 琼脂培养基（青岛高科技工业园海博生物技术有限公司），MH 培养基（美国 BD 公司），琼脂糖（英国 OXOID 公司），10×PCR 缓冲液（实验室自制），利福平（美国 Sigma 公司），dNTPs（美国 Sigma 公司），DNA Marker DL2000 [宝生物工程（大连）有限公司]，Taq DNA 聚合酶、Pfu DNA 聚合酶（美国 Thermo Scientific 公司）。

3.2　耐药株质粒基因组序列测定及其生物信息学分析的方法

3.2.1　提取高纯度的细菌基因组 DNA

此法是为了得到接合子的质粒 DNA。此法可消化掉染色体 DNA 以及提取过程中被破坏的环状质粒 DNA，最后只留下完整的环状质粒 DNA，可以更好地测序。具体步骤详见试剂盒说明书。

3.2.2 大片段文库构建

（1）基因组 DNA 片段化处理（tagmentation）：通过利用配对转座酶，不仅能实现对 DNA 的片段化，还可以将生物素化的配对连接头与之衔接。

（2）链置换（strand displacement）：虽然在第一步中已实现片段化和与连接头的衔接，然而出现了缺口，第二步的意图便是将这个缺口补上。

（3）环化（circularization）：先用 Qubit® dsDNA HS assay kit 对样本的浓度进行测定；Gel-free 方案需要 250~700 ng 的 DNA。由于 DNA 量的加大可以提升文库的产率和多样性，考虑到会产生副作用，因此 DNA 量的选用遵循每 300 μL 的总环化体系中 DNA 的量最高为 600 ng。详细步骤见说明书。

（4）消化线性 DNA（digest linear DNA）：选用 DNA 核酸外切酶可以清除全部的线性 DNA，因此留下的均为完好的环状 DNA。

（5）剪切环化 DNA（shear circularized DNA）：将上一步完好的环状 DNA 剪成 300~1000 bp 的带有 3′或 5′黏性末端的小片段。

（6）链霉亲和素珠子吸附（streptavidin bead binding）：磁珠可以对上面过程中包含生物素化接头的片段进行吸附，剩下的会在清洗中被冲掉。

（7）补平末端（end repair）。

（8）加 A 尾（A-tailing）：通过加 A 尾，可以使其与 T 碱基配对连接。

（9）加接头（adaptor ligation）。

（10）PCR 扩增（PCR amplification）。

（11）PCR 纯化（PCR clean-up）：纯化是为了将小于 300 bp 的小片段去除。

（12）文库质量的评价。

3.2.3 De Bruijn 图的基因拼接

（1）生成去重的 k-mers：首先拼接软件读入基因文件，即 reads，把所有的 reads 打散成相应的 k-mers，但是会出现 reads 数量过多的情况，这时 k-mers 会重复，需要将重复的找出来并去掉。

（2）创建 De Bruijn 图：在去掉重复的 k-mers 后，创建一个用来放 k-mers 的数据区间，再创建一个用来放其属性的区间。

（3）生成 contig。

（4）Scaffolding 过程：到这一步由于 DNA 数据是双螺旋结构，因此基因文件还是双末端的，对这些文件需要进行 Scaffolding。

3.3 耐药株质粒基因组序列测定及其生物信息学分析的结果

质粒 p1394-3 长度为 102.66 kb，该质粒含有 IS*1*、IS*26*、IS*1294*、Tn2、

Tn*6029*、IS*Vsa3* 共 6 个移动元件，并携带 *erm*（*B*）、*floR*、*mph*（*A*）、*acrR*、*fosA*、*bla*$_{TEM-1}$、*bla*$_{CTX-M-55}$、*rmtB* 及 *sul2* 等 9 种耐药基因（见图 3-1）。

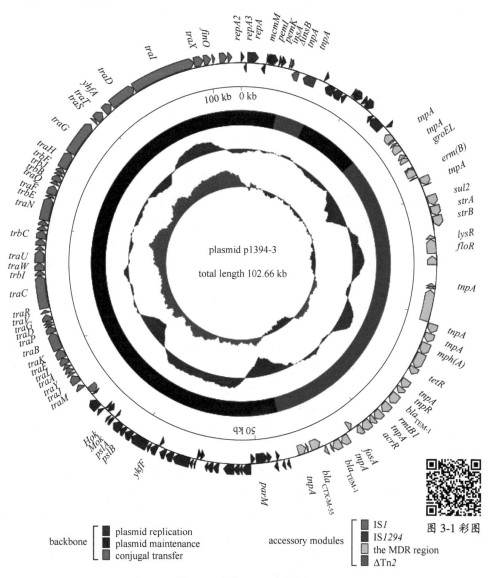

图 3-1　质粒 p1394-3 圈图

如图 3-1 所示，质粒环第一圈（由外向内数）代表各个基因，将所有的基因根据功能的不同分类并上色，具有复制功能区域（plasmid replication）为绿色，质粒稳定性相关基因（plasmid maintenance）为蓝色，质粒接合转移基因（conjugal transfer）为橙色，多重耐药区（the MDR region）为黄色，其他颜色为外源插入基因；第二个环代表质粒上每一部分基因的来源，黑色区域为骨架区，灰色区域为外源插入区；图中最内的两环分别表示（G-C)/(G+C）和 GC 含量占比。

通过 NCBI 数据库数据比对，发现与该质粒同源性较高的质粒还存在于肺炎克雷伯杆菌、沙门氏菌中，证明该质粒可以在菌株间水平传播。

通过 NCBI 数据库比对，找到质粒 p1394-3 的近缘质粒 pHNZY32，选择其作为参考质粒，参考质粒大小为 145.80 kb，含有 IS*1*、Tn*2*、IS*26*、In*4*、IS*Vsa3*、Tn*6029*、IS*5075*、IS*Pa38*、IS*1294*、IS*50* 及 IS*Ecp1* 共 11 个移动元件，并携带 *floR*、*tet*（A）、*sul2*、*strA*、*strB*、*aph*(3')-Ⅱa、*oqxA*、*oqxB*、*bla*$_{TEM-1}$、*fosA3*、*bla*$_{CTX-M-55}$ 共 11 个耐药基因。

质粒的模块结构被划分为两个区域，骨架区（backbone）和外源插入区（accessory modules）。质粒 p1394-3 的骨架区分为复制起始区、保守区以及接合转移区；其外源插入区含有 IS*1*、Tn*2*、IS*1294*、IS*26*、Tn*6029* 和 IS*Vsa3* 共 6 个移动元件，这些外源插入区被定义为与移动元件相关联并与之相邻的获得性 DNA 区域，插入在骨架区的不同位置，在该外源插入区中发现了参与抗微生物和重金属耐药性的 *erm*（B）、*floR*、*mph*（A）、*acrR*、*fosA*、*bla*$_{TEM-1}$、*bla*$_{CTX-M-55}$、*rmtB* 及 *sul2* 位点。

将质粒 p1394-3 与参考质粒 pHNZY32 进行线性比较（见图 3-2），发现这两个质粒都属于 IncFⅡ型质粒，复制起始区均携带 Tn*2* 的部分区域，其中质粒 p1394-3 和参考质粒 pHNZY32 均保留了 Tn*2* 上的 *tnpA*，Tn*2* resolvase 和 *bla*$_{TEM-1}$ 均已丢失，此外 pHNZY32 还携带一个不完整的 In*4*。

由图 3-3 可知，质粒 p1394-3 与参考质粒 pHNZY32 均有 MDR 区域。其中质粒 p1394-3 有一个 MDR 区域；参考质粒 pHNZY32 有两个 MDR 区域，分别为 MDR 区域 1 和 MDR 区域 2。

质粒 p1394-3 的 MDR 区域前半部分和参考质粒 pHNZY32 的 MDR 区域 1 均携带 *floR* 耐药基因以及 IS*Vsa3* 和不完整的 Tn*6029*，其中 MDR 区域的 IS*Vsa3* 是不完整的，MDR 区域 1 的 IS*Vsa3* 是完整的。Tn*6029* 上有 IS*26*、Tn*2*、Tn*5393c* 和 Tn*4352* 四种移动元件以及 *bla*$_{TEM-1}$、*sul2*、*strA*、*strB* 和 *aphA1a* 五种耐药基因；质粒 pHNZY32 的 MDR 区域 1 保留了 Tn*6029* 上的 *sul2*、*strA* 和 *strB* 三种耐药基因，其余耐药基因和移动元件均已丢失；p1394-3 的 MDR 区域保留了 Tn*6029* 上的 *sul2*、*strA* 和 *strB* 三种耐药基因以及 IS*26*，其余的耐药基因和移动元件均已丢失。

MDR 区域的后半部分和 MDR 区域 2 均携带 *acrR*、*fosA*、*bla*$_{TEM-1}$ 和 *bla*$_{CTX-M-55}$ 四种耐药基因以及 IS*26* 和不完整的 Tn*2*，质粒 pHNZY32 的 MDR 区域 2 和 p1394-3 的 MDR 区域均保留了 Tn*2* 上的移动元件 Tn*2* resolvase 和耐药基因 *bla*$_{TEM-1}$，其余的耐药基因和移动元件均已丢失。

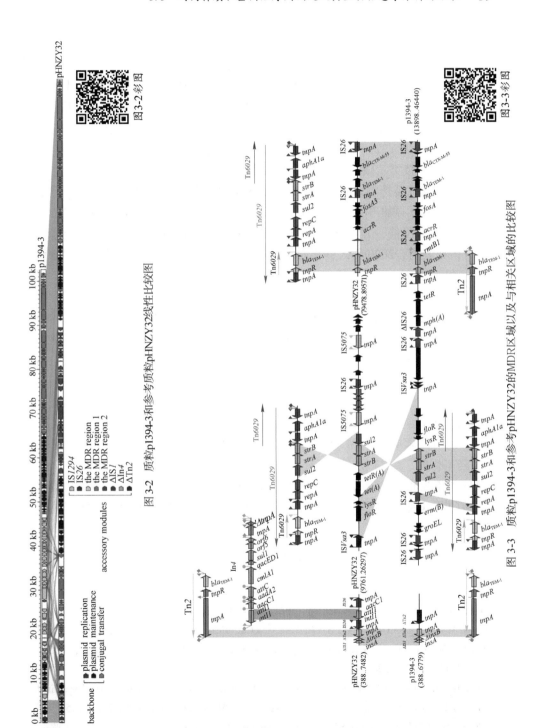

图 3-2 质粒p1394-3和参考质粒pHNZY32线性比较图

图 3-3 质粒p1394-3和参考pHNZY32的MDR区域以及与相关区域的比较图

图3-2彩图

图3-3彩图

3.4 讨 论

通过基因组数据分析，对质粒 p1394-3 各个基因片段进行精细注释，找到了耐药基因的插入位点，确认了质粒所携带的所有耐药基因，还在质粒中发现了与 Tn6029 和 Tn2 相关的耐药基因。把质粒 p1394-3 放入 NCBI 数据库进行比较分析，得到近缘质粒 pHNZY32，用其作为参考质粒与分离出的质粒进行比较发现，它们均携带 β-内酰胺类、磺胺类及磷霉素类耐药基因。

β-内酰胺类抗菌药物因品种多、杀菌性好以及副作用小而被广泛使用。但是因不恰当的使用，耐药菌株产生，在 1970—2000 年间，大肠埃希氏菌对该类药物的耐药率翻了四倍，并且对氨苄西林和头孢类抗菌药物的耐药率都超过了 10%。有研究表明，2020 年大肠埃希氏菌对头孢他啶和头孢吡肟的耐药占比分别为 11.2% 和 25.7%，对其他类占比超过 50%。

磺胺类抗菌药物在治疗大肠埃希氏菌感染中发挥了重要作用，但是因不恰当的使用，导致菌株对该药物产生了耐药性。Enne 于文献中报道，在 1991—1999 年间，该类药物的使用持续处于降低状态，但是发现对该类药物的耐药性却越来越强、耐药率越来越高，其中携带 sul1 和 sul2 耐药基因的菌株分别增长了 1.1% 和 9.8%。

磷霉素于 1969 年首次被发现，它的相对分子质量很小、进入机体内不会与血浆蛋白结合并且分布较广，得到了广泛的使用。但是细菌极易对磷霉素产生耐药性，而且耐药菌的耐药率增长较快。当有一位日本学者发现了质粒中携带 fosA3 耐药基因时，fosA3 便成为肠杆菌中由质粒介导最多的磷霉素耐药基因。

这些现象验证了这些耐药基因可以存在于质粒上，根据质粒接合转移试验结果证明该耐药基因不仅可以存在于质粒上，还可以通过质粒在不同种类之间进行水平传播。

参 考 文 献

[1] BŘINDA K, BAYM M, KUCHEROV G. Simplitigs as an efficient and scalable representation of de Bruijn graphs [J]. Genome Biology, 2021, 22 (1): 96.

[2] ENNE V I, LIVERMORE D M, STEPHENS P, et al. Persistence of sulphonamide resistance in *Escherichia coli* in the UK despite national prescribing restriction [J]. Lancet, 2001, 357 (9265): 1325-1328.

[3] KHEZRI A, AVERSHINA E, AHMAD R. Plasmid identification and plasmid-mediated antimicrobial gene detection in Norwegian isolates [J]. Microorganisms, 2020, 9 (1): 52.

[4] PETER S, BOSIO M, GROSS C, et al. Tracking of antibiotic resistance transfer and rapid plasmid evolution in a hospital setting by nanopore sequencing [J]. mSphere, 2020, 5 (4):

e00525-20.

[5] RAMSAMY Y, MLISANA K P, ALLAM M, et al. Genomic analysis of carbapenemase-producing extensively drug-resistant *Klebsiella pneumoniae* isolates reveals the horizontal spread of p18-43_01 plasmid encoding bla_{NDM-1} in South Africa [J]. Microorganisms, 2020, 8 (1): 137.

[6] YANG T Y, LU P L, TSENG S P. Update on fosfomycin-modified genes in Enterobacteriaceae [J]. Journal of Microbiology, Immunology and Infection, 2019, 52 (1): 9-21.

[7] 陈宇, 焦典, 赵文博, 等. 弯曲菌中氟苯尼考耐药基因 *fexA* 功能鉴定及其携带质粒分析 [J]. 中国兽医杂志, 2023, 59 (10): 40-45.

[8] 贺腾飞, 刘英玉, 张柳青, 等. 新疆牛羊源金黄色葡萄球菌 D353 质粒 pD353 序列分析 [J]. 新疆农业科学, 2023, 60 (7): 1806-1812.

[9] 刘康康, 李春晓. 一株同时携带 $bla_{CTX-M-14}$ 和 $bla_{CTX-M-15}$ 基因的多重耐药宋内志贺菌耐药基因及质粒分析 [J]. 疾病监测, 2023, 38 (5): 574-580.

[10] 王玲玲. IncHⅠ3 型质粒及其衍生质粒的测序及比较基因组学分析 [D]. 石家庄: 河北医科大学, 2022.

4 噬菌体 ΦSPHJ965 的生物学特性分析及应用

食源性致病菌导致的感染在全球的每一个国家中都存在且危害性很大，世界卫生组织（WHO）进行的一项研究估计，每年都会有许多人由于进食了受到污染的食物和水而生病，并有 3300 万人丧生，死亡有很大一部分（30%）发生在 1~5 岁的孩子中。在发展中国家，每年的食源性疾病相关医疗费用损失约为 1100 亿美元。根据 WHO 的数据显示，农村地区有 17 亿人无法获得清洁的饮用水和食物，因此由污染的食物和水引起的腹泻病对身体健康构成严重威胁，大肠埃希氏菌便是造成这些疾病的主要原因之一。大肠埃希氏菌是大肠埃希氏菌属中的一个重要成员，自然环境中无处不在。在 20 世纪以前，大肠埃希氏菌被认为是正常的肠道菌群，它不会给身体带来伤害且发挥着重要作用，比如维持肠道内环境、促进 B 族以及 K 族维生素的合成等。研究表明，人类食用了被致病性大肠埃希氏菌污染过的食物便会使正常机体发病，比如腹泻和败血症等。大肠埃希氏菌逐渐被人们正确了解。

抗菌药物一经发现便得到了广泛的应用，但由于不按标准使用抗菌药物，使得耐药菌产生。之后有研究报道，耐药基因不仅能够垂直传递给下一代，而且能在细菌间水平扩散，这使得多重耐药性越来越强，细菌耐药问题日益突出，其带来的危害也非常可怕，而开发新型的抗菌制剂尤为艰难，需要花费大量的时间和金钱，并且不能保证研发的成功率，找寻新的抗菌剂任重道远。

噬菌体是一种广泛存在于自然界中，寄生于各种细菌的病毒。噬菌体首先侵入细菌内部，利用细菌细胞器（核糖体）和其他原料，合成自身蛋白质，完成核酸复制，然后在其体内进行组装并裂解，产生的子代噬菌体对其宿主细菌同样具有高度特异性和杀菌活性。当噬菌体对细菌进行感染时，它可以在短时间内（通常不到半小时）迅速产生许多新的子代噬菌体，子代噬菌体也可以在短时间内对其他细菌再次进行感染，以此获得更多的子代噬菌体，尽管初始噬菌体量很小，但经过不断地对细菌进行感染并裂解，可以实现一个噬菌体感染裂解上亿个细菌。

与抗菌药物的研发相比，筛选分离目的噬菌体相对容易，而且噬菌体研发周期比较短、价格比较低廉，具有更好的抑菌效果。除此之外，噬菌体可以特异性识别宿主菌并与之结合，利用宿主菌内部的原料以及转录系统完成核酸复制，然后进行裂解，不影响其他正常菌群，特异性强、专一性好，这是抗菌药物不可企及的。由于生物被膜可以使细菌的耐药性变强，而噬菌体对生物被膜的降解能力较好，因此可以通过噬菌体来清除耐药菌。由于噬菌体的增殖与杀菌是同步的，因此少剂量的噬菌体经过不断地增殖也可以将细菌清除完全，这时噬菌体便会被机体的免疫系统排至体外，避免了药物残留以及耐药性的产生，而且噬菌体在降解完宿主菌后只产生核苷酸和氨基酸，产物均不含有害物质，安全性较高。噬菌体同人类和动物共存共生，人们在日常生活中经常会接触或摄入噬菌体，多数研究表明噬菌体对人体基本无害。从应用方面来看，噬菌体几乎没有副作用，是杀灭耐药菌的较好选项。目前，已经在食品行业、渔业等领域开展了噬菌体相关应用，主要是筛选一些烈性噬菌体，利用其专一性裂解目标细菌这一特性来杀灭一些特定的病原菌。噬菌体有望替代抗菌药物成为理想的抗菌制剂。

本书相关实验将 SPHJ965 作为宿主菌，从采集的餐厅下水道的生活污水中分离出一个噬菌体，并探究其生物学特性及体外清除效果，以期为后期噬菌体的研究提供参考。

4.1　噬菌体生物学特性分析及应用所需材料与仪器

4.1.1　材料

（1）菌种及样品：宿主菌为实验室保存的 *E. coli* SPHJ15、*E. coli* SPHJ965、*E. coli* SPHJ1394。样品来源于渤海大学松山校区一餐厅下水道。

（2）试剂：LB 液体培养基（青岛高科技工业园海博生物技术有限公司），LB 琼脂培养基（北京奥博星生物技术有限责任公司），EMB 琼脂培养基（青岛高科技工业园海博生物技术有限公司），0.22 μm、0.45 μm 一次性针式过滤器（上海兴亚净化材料厂），氯化钠［福晨（天津）化学试剂有限公司］，硫酸镁（$MgSO_4 \cdot 7H_2O$，天津博迪化工股份有限公司），无水乙醇、氯仿、明胶（国药集团化学试剂有限公司），Tris-HCl（北京索莱宝科技有限公司）。

4.1.2　主要仪器

超低温冰箱（日本 SANYO 公司），SW-CJ-2F 超净工作台（苏州安泰空气技术有限公司），海尔-20 ℃冰箱和冰柜（海尔集团公司），5804R 高速冷冻离心机、Eppendorf 5417R 小型台式高速离心机（德国 Eppendorf 公司），BP310S 分析天平、BP211D 电子天平（德国 Sartorius 公司），PE VictorX3 酶标仪（美国 PerkinElmer 公司），GS-800 拍照系统（美国 Bio-Rad 公司）。

4.2 噬菌体生物学特性分析及应用的方法

4.2.1 宿主菌悬液的制备

将-80 ℃甘油冻存的大肠埃希氏菌 SPHJ15、SPHJ965 及 SPHJ1394 取出，并在 4 ℃条件下解冻，用无菌接种环取一环解冻的菌液，在 LB 琼脂培养基上进行初步活化，以此方法反复活化并进行传代培养，最后挑生长较好的单菌落，将其接种到 LB 液体培养基中，在 37 ℃条件下，以 150 r/min 的速度培养 12~18 h，培养结束后将其放于 4 ℃冰箱备用。

4.2.2 噬菌体的分离纯化

（1）分离：从餐厅下水道采集污水样 300 mL，静置 3 h，收集上层液体以 8000 r/min 的速度离心 10 min，然后将滤膜（0.22 μm）过滤后的滤液同 2 mL 菌悬液放于灭菌锥形瓶中，同时加入 10 mL 灭菌 LB 肉汤培养基，37 ℃、150 r/min 过夜培养。取培养液经 8000 r/min 离心 10 min，过 0.22 μm 滤膜，得到噬菌体原液。然后将 100 μL 的菌悬液和噬菌体原液混匀静置，准备好灭菌的 LB 半固体培养基，用移液枪将混合液转移进去并摇匀，最后倒进琼脂固体培养基中，在超净台中静放 5 min 待其凝固完全后，在 37 ℃条件下培养 12~18 h。

（2）纯化：刚开始用双层平板法分离噬菌体，其噬菌斑的大小形态均不相同，还可能含有多种不同的噬菌体，为了得到单一种类的噬菌体，必须对噬菌体进行纯化培养。用无菌枪头挑取形态较大、透亮的单个噬菌体，在 1 mL SM 液中混匀，4 ℃静置过夜，取 100 μL 浸泡液 10 倍梯度稀释，制成双层琼脂板，不断地重复纯化过程，直到斑块形态高度一致。

4.2.3 噬菌体的大量增殖

经过多次纯化后所得到的噬菌体的效价较低，需要进行大量增殖，以此才能得到高效价噬菌体用于后续实验。将噬菌体液和处于对数期的菌悬液按比例混合，静置 15 min，与 LB 液体培养基进行混匀，在 37 ℃条件下、以 150 r/min 的速度培养 12~18 h，接着以 8000 r/min 的速度离心 15 min，用滤膜（0.22 μm）进行过滤除菌，最后便可以得到效价较高的噬菌体。

4.2.4 噬菌体效价的测定

噬菌体效价（滴度）被定义为每 1 mL 内所含噬菌体的数量，采用连续梯度稀释测定噬菌体效价：取 100 μL 噬菌体增殖液 10 倍梯度稀释，选择合适的梯度与 100 μL 宿主菌悬液混匀，静置 15 min，制成双层琼脂板，37 ℃，培养 12~18 h，测其效价。每个梯度重复 3 次。

4.2.5 噬菌体热稳定性的测定

为评估噬菌体的热稳定性，将 100 μL 噬菌体悬浮液（3.4×10^9 PFU/mL）放置在各种温度条件下（40~80 ℃）作用 30 min 和 60 min，防止高温影响实验结果，置于冰浴中冷却，待全部取样完成后，统一取出进行倍比稀释，最后测定在各温度下的噬菌体效价。每个梯度重复 3 次。

4.2.6 噬菌体 pH 稳定性的测定

为确定 pH 对噬菌体的影响，在接种噬菌体（3.4×10^9 PFU/mL）之前，先将 LB 培养基的 pH 预调节为 1~13 的水平，然后放在 37 ℃ 水浴锅中作用 2 h，最后测定在各 pH 下的噬菌体效价。

4.2.7 噬菌体最佳感染复数的测定

噬菌体最佳感染复数（multiplicity of infection，MOI）的测定是将初始效价为 3.4×10^9 PFU/mL 的大肠埃希氏菌 SPHJ965 被不同比例的噬菌体感染，当噬菌体感染细菌时比例越接近 MOI，裂解周期结束后产生的子代噬菌体越多；因此以 MOI 分别为 1、0.1、0.01、0.001、0.0001、0.00001、0.000001、0.0000001 对宿主菌进行感染，37 ℃ 振荡培养 6~7 h，产生最高噬菌体效价的 MOI 被认为是最佳 MOI，并用于随后的大规模噬菌体生产。

4.2.8 噬菌体一步生长曲线的测定

参照 Kabwe 等所述进行一步生长试验，对该方法略加改进，将大肠埃希氏菌液与纯化的噬菌体液以最佳 MOI 混合，37 ℃、150 r/min 培养，分别在 0 min、10 min、20 min、30 min、40 min、50 min、60 min、70 min、80 min、90 min、100 min、110 min、120 min、130 min、140 min、150 min、160 min、170 min、180 min 时间点取样，经 12000 r/min 离心 60 s，测定噬菌体效价。

4.2.9 噬菌体对紫外线和氯仿敏感性的测定

在一次性培养皿中放入 20 mL 的噬菌体液，调整培养皿与紫外灯之间的距离，约 30 cm 即可，每隔 0 min、5 min、10 min、15 min、20 min、25 min、30 min、35 min、40 min、45 min 取 1 mL 于灭菌离心管中，在不见光的地方放置 0.5 h，加入宿主菌，在 37 ℃ 条件下、以 150 r/min 的速度培养 10 h，测其 OD_{595} 值，并设置对照组（不加噬菌体），将实验组与对照组的差值命名为 OD_{595} 差值。

将纯化的噬菌体液与氯仿进行混合作为实验组，不加氯仿的噬菌体液作为对照组，在 4 ℃ 的冰箱中放置 12 h，测定其效价。每组实验重复 3 次。

4.2.10 噬菌体体外清除试验

为观察大肠埃希氏菌噬菌体体外清除效果，将噬菌体和宿主菌按照最佳感染复数的比例，在 37 ℃培养箱中培养，同时设置对照组，每隔 2 h 测其 OD_{595} 值。

4.2.11 噬菌体处理生活污水中的大肠埃希氏菌

采集餐厅下水道的生活污水，经过粗滤后，取 30 mL 污水于灭菌锥形瓶中，从中取出 1 mL 作为处理前对照样品，之后加入 5 mL 噬菌体液，混匀后常温静置 1 h 后取样，将收集的样品 10 倍梯度稀释，然后将所有梯度的稀释液分别涂在 PCA 和 EMB 固体培养基上，37 ℃，培养 12~18 h，测定噬菌体效价。

4.3 噬菌体生物学特性分析及应用的结果

4.3.1 噬菌体增殖和效价的测定分析

以从肉类样品中分离出的大肠埃希氏菌 SPHJ15、SPHJ965 及 SPHJ1394 为宿主菌，自采集的污水样品中进行噬菌体的分离，最终以 SPHJ965 为宿主菌，分离纯化出一个噬菌体，并将其命名为 ΦSPHJ965，经过多次纯化后得到大小均一、边缘整齐、圆形透明的噬菌斑，如图 4-1 所示。

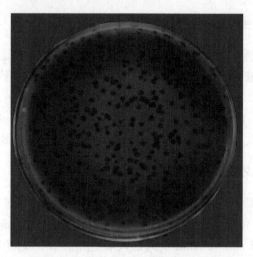

图 4-1 噬菌体 ΦSPHJ965 的噬菌斑

ΦSPHJ965 采用液体法进行增殖，噬菌体增殖液用双层平板法进行测定，ΦSPHJ965 的效价为 3.4×10^9 PFU/mL。

4.3.2 噬菌体热稳定性的测定分析

ΦSPHJ965 的热稳定性测定结果如表 4-1 所示，在 40 ℃时，ΦSPHJ965 活性降低很少，基本保持原活性；当在 50 ℃条件下作用 30 min 和 60 min 后，噬菌体效价略有降低；在 60 ℃时，噬菌体效价下降 3~4 个数量级，且作用时间越长降低越多；当温度升高到 70 ℃，噬菌体效价下降较多，降低了 6~8 个数量级；最后在 80 ℃时，噬菌体完全失活。

表 4-1　ΦSPHJ965 的热稳定性测定结果

温度/℃	初始效价/(PFU·mL^{-1})	30min 效价/(PFU·mL^{-1})	60 min 效价/(PFU·mL^{-1})
40	$3.4×10^9$	$3.2×10^9$	$3.1×10^9$
50	$3.4×10^9$	$2.3×10^9$	$1.9×10^9$
60	$3.4×10^9$	$4.2×10^6$	$2.3×10^5$
70	$3.4×10^9$	$2.9×10^3$	35
80	$3.4×10^9$	0	0

4.3.3 噬菌体 pH 稳定性的测定分析

ΦSPHJ965 对 pH 的敏感性结果如图 4-2 所示，pH 为 1、2 和 13 时，噬菌体完全失活；pH 为 4~12 时，噬菌体的活性较高，基本保持不变；由此可见，ΦSPHJ965 的 pH 耐受范围较广，但不能耐受强酸强碱，其最适生长 pH 范围为 4~12。

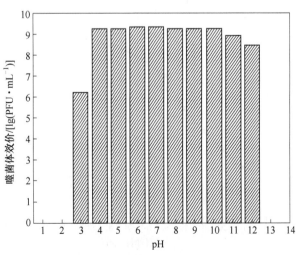

图 4-2　pH 对噬菌体稳定性的影响

4.3.4 噬菌体最佳感染复数的测定分析

由表 4-2 可见，在所有 8 组不同感染复数的试验组中，当 MOI = 0.00001 时，噬菌体的效价为 6.0×10^9 PFU/mL，因此 ΦSPHJ965 的最佳 MOI 为 0.00001。

表 4-2 噬菌体最佳感染复数的测定结果

MOI	细菌数/(PFU·mL^{-1})	噬菌体数/(PFU·mL^{-1})	噬菌体效价/(PFU·mL^{-1})
1	4.2×10^9	3.4×10^9	2.5×10^9
0.1	4.2×10^9	3.4×10^7	1.4×10^9
0.01	4.2×10^9	3.4×10^6	3.2×10^9
0.001	4.2×10^9	3.4×10^5	2.2×10^9
0.0001	4.2×10^9	3.4×10^4	3.9×10^9
0.00001	4.2×10^9	3.4×10^3	6.0×10^9
0.000001	4.2×10^9	3.4×10^2	1.6×10^8
0.0000001	4.2×10^9	34	6.4×10^7

4.3.5 噬菌体一步生长曲线的测定分析

噬菌体效价在 0~10 min 期间基本保持不变，为潜伏期；在 10~100 min 期间，噬菌体处于爆发期，这个阶段噬菌体效价大幅增长；随后噬菌体进入稳定期；经计算，噬菌体的爆发量为 40 PFU/cell。由结果可知，ΦSPHJ965 的潜伏期较短，爆发量高，具有较好的裂解能力（见图 4-3）。

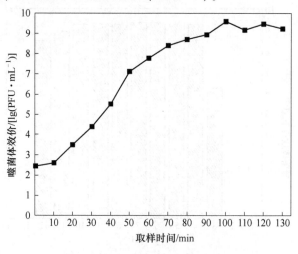

图 4-3 ΦSPHJ965 的一步生长曲线

4.3.6 噬菌体对紫外线和氯仿敏感性的测定分析

如图 4-4 所示，加入噬菌体原液后，在紫外线照射下的 0~30 min 内，OD_{595} 差值均为负数，且差值一直变大，说明此期间噬菌体经紫外线照射后依旧能够保持活性，但随着照射时间的增加，活性逐渐降低，在 30 min 后，OD_{595} 差值均为正数，且波动不大，说明噬菌体失活，丧失了杀菌能力。

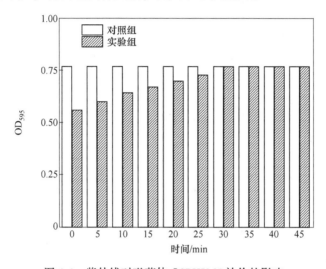

图 4-4　紫外线对噬菌体 ΦSPHJ965 效价的影响

由于氯仿不仅可用于噬菌体 ΦSPHJ965 基因组的提取，而且能溶解脂溶性物质，因此需要对 ΦSPHJ965 进行氯仿敏感性测定。由图 4-5 可以看出，对照组和实验组的效价都在 10^9 PFU/mL 以上，说明 ΦSPHJ965 对氯仿表现为不敏感。

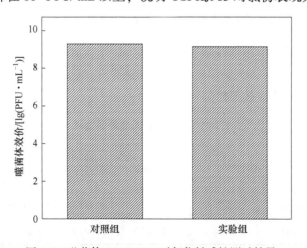

图 4-5　噬菌体 ΦSPHJ965 对氯仿敏感性测试结果

4.3.7 噬菌体体外清除试验分析

由图 4-6 可知，阳性对照组（MOI = 0）只有细菌而无噬菌体，OD_{595} 值呈指数上升。实验组（MOI = 0.00001）在 0~6 h 内的 OD_{595} 值基本保持不变且较低，说明噬菌体对大肠埃希氏菌在初始的 6 h 内有较好的抑制作用；6 h 后，虽然试验组的 OD_{595} 值逐渐升高，但仍远小于对照组 OD_{595} 值。

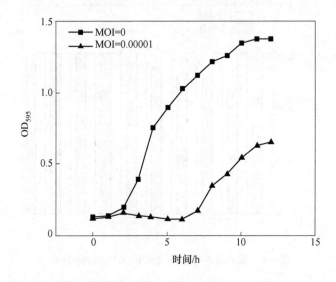

图 4-6　噬菌体 ΦSPHJ965 对大肠埃希氏菌 SPHJ965 的体外抑制曲线

由此可知 ΦSPHJ965 对宿主菌的裂解能力较好，但不能将宿主菌完全裂解。

4.3.8 噬菌体处理生活污水中的大肠埃希氏菌效果

实验结果显示生活污水经效价 16 PFU/mL 的噬菌体 ΦSPHJ965 处理 1 h 后，总菌数减少了 60.53%，大肠埃希氏菌数减少了 56.09%，该噬菌体对生活污水中的大肠埃希氏菌的清除效果较好（见表 4-3）。

表 4-3　大肠埃希氏菌处理结果

噬菌体滤液效价 /(PFU·mL⁻¹)	总菌数/(CFU·mL⁻¹)		总菌数降低比例/%	大肠埃希氏菌数/(CFU·mL⁻¹)		大肠埃希氏菌数降低比例/%
	处理前	处理后		处理前	处理后	
16	$1.52×10^6$	$6×10^5$	60.53	$5.01×10^5$	$2.20×10^5$	56.09

4.4 讨 论

大多数多重耐药菌是人畜共患病原菌，它们在动物宿主中获得耐药性，然后将耐药性经食物链传递扩散给人类。随着抗菌药物耐药细菌的发展和蔓延，越来越多的人呼吁开发用于控制耐药菌感染的新型抗菌剂，噬菌体是以细菌为食的病毒，可以作为防治食源性病原体的一种新型生物防治工具。而且噬菌体与细菌是共同存在的关系，可以从环境中分离筛选得到多种噬菌体，如杆菌、弧菌、气单胞菌等噬菌体。由于噬菌体具有很多抗菌药物不可比拟的优点，使其成为对抗耐药性细菌感染的最佳选项。目前，噬菌体疗法控制细菌感染的想法已被广泛接受，但还是存在一些局限性，比如裂解谱窄、治疗标准难以统一等。因此，分离新的、广谱的噬菌体以丰富噬菌体库，并对其生物学特性和基因组特性进行测定是十分必要的。

对于噬菌体清除食品中污染的大肠埃希氏菌而言，效价越高效果越好。本书从餐厅下水道的生活污水样品中分离出一个效价为 3.4×10^9 PFU/mL 的噬菌体，将其命名为 ΦSPHJ965。ΦSPHJ965 具有较高的噬菌体效价，可以用作后续实验的基础数据。除此之外，想要继续提高 ΦSPHJ965 的杀菌效果，并将其更好地应用起来，pH 和热稳定性也是重要的影响因素。本书分离得到的噬菌体相对稳定，ΦSPHJ965 的效价在 40 ℃和 50 ℃条件下基本保持不变；在 60 ℃条件下，噬菌体效价下降 3~4 个数量级；在 70 ℃时，噬菌体效价降低 6~8 个数量级；在 80 ℃时，噬菌体几乎完全失活，一些研究结果推测噬菌体蛋白和核酸在较高温度下的变性可能是它们失去活性的原因；另外观察到 ΦSPHJ965 在酸性和碱性条件下均表现出高稳定性，在 pH 为 4~12 期间保留了它们的活性，一直维持在较高的噬菌体效价，且变化不明显，在非常低（低于 4）和非常高（高于 12）的 pH 下，ΦSPHJ965 表现出较低的稳定性乃至失活，这种不稳定性可归因于这样一个事实，即噬菌体在 pH 低于 4 和高于 12 时因衣壳解离而失活，因为存在更高的氢离子和氢氧根离子浓度。但综合来看，本书相关研究分离的 ΦSPHJ965 的热稳定性和 pH 稳定性还是较为理想的。

噬菌体最佳 MOI 的测定是将噬菌体和宿主菌按不同比例进行混合，其子代噬菌体的数量也不一样，因此在裂解周期结束后对应子代噬菌体数量最多的比例被认为是最佳 MOI，它可以反映刚开始添加噬菌体的量和最终产生子代噬菌体量之间的关系。每种噬菌体的最佳 MOI 都不一样，这是由宿主菌和噬菌体的结构决定的，最佳 MOI 对检测生物学特性及噬菌体治疗等研究具有重要的指导意义。经测定，噬菌体 ΦSPHJ965 的最佳感染复数为 0.00001，在该比值下噬菌体产生子代噬菌体的数量是最多的。

一步生长曲线是能够描述噬菌体裂解活性和治疗潜力的主要标准之一，分为三个阶段，即潜伏期、裂解期、平稳期。不同部分噬菌体的爆发周期和爆发量也不一样，其中当噬菌体的潜伏期缩短时，爆发量会增加，其裂解细菌的能力也会随之变强。根据实验结果可知，在 0~10 min 期间，为潜伏期，约 10 min，这个阶段噬菌体的效价保持不变；在 10~100 min 期间，噬菌体的效价大幅上升，为爆发期，约 90 min；随后噬菌体进入稳定期；经计算，噬菌体的爆发量为 40 PFU/cell。综上所述，ΦSPHJ965 的潜伏期较短，爆发量高，具有较好的裂解能力。一般在食品工业生产中，想要提升工作效率、加快生产速度，可以通过一步生长曲线来达到。

氯仿常用于噬菌体基因组的提取，且能溶解脂溶性物质，因此对 ΦSPHJ965 进行了氯仿敏感性测定。由结果可知，ΦSPHJ965 加入氯仿前后效价均保持在 10^9 PFU/mL 以上，ΦSPHJ965 对氯仿不敏感。另外还测定了紫外线对 ΦSPHJ965 的影响，由结果可知，ΦSPHJ965 被紫外线处理 30 min 后效价为 0，噬菌体均已失去活性。

人们日常所食用的食物中都含有大量细菌，其中以大肠埃希氏菌为主，大肠埃希氏菌作为条件致病菌，会直接或间接地影响人们的身体健康，因此利用噬菌体来清除大肠埃希氏菌，可降低其对人体的危害。通过体外清除试验发现，该株噬菌体对大肠埃希氏菌具有较好的去除效果，但"噬菌体鸡尾酒"疗法可能比单一噬菌体的作用效果更好，因此将来的研究可以转向"噬菌体鸡尾酒"疗法。本书对噬菌体 ΦSPHJ965 进行了生物学特性和体外清除效果研究，为后期噬菌体的进一步应用提供了数据支撑。

参 考 文 献

[1] ABEDON S T, GARCÍA P, MULLANY P, et al. Editorial：Phage therapy：Past, present and future [J]. Frontiers in Microbiology, 2017, 8：981.

[2] AKMAL M, RAHIMI-MIDANI A, HAFEEZ-UR-REHMAN M, et al. Isolation, characterization, and application of a bacteriophage infecting the fish pathogen *Aeromonas hydrophila* [J]. Pathogens, 2020, 9 (3)：215.

[3] CAFORA M, FORTI F, BRIANI F, et al. Phage therapy application to counteract *Pseudomonas aeruginosa* infection in cystic fibrosis zebrafish embryos [J]. Jove-Journal of Visualized Experiments, 2020 (159)：e61275.

[4] CARLTON R M, NOORDMAN W H, BISWAS B, et al. Bacteriophage P100 for control of *Listeria monocytogenes* in foods：Genome sequence, bioinformatic analyses, oral toxicity study, and application [J]. Regulatory Toxicology and Pharmacology, 2005, 43 (3)：301-312.

[5] CHEN L, FAN J, YAN T, et al. Isolation and characterization of specific phages to prepare a cocktail preventing *Vibrio sp.* Va-F3 infections in shrimp (*Litopenaeus vannamei*) [J]. Frontiers in Microbiology, 2019, 10：2337.

［6］ HASSAN A, USMAN J, KALEEM F, et al. Evaluation of different detection methods of biofilm formation in the clinical isolates ［J］. Brazilian Society of Infectious Diseases, 2011, 15 (4): 305-311.

［7］ JUN J W, HAN J E, GIRI S S, et al. Phage application for the protection from acute hepatopancreatic necrosis disease (AHPND) in *Penaeus vannamei* ［J］. Indian Journal of Microbiology, 2018, 58 (1): 114-117.

［8］ KABWE M, BROWN T, SPEIRS L, et al. Novel bacteriophages capable of disrupting biofilms from clinical strains of *Aeromonas hydrophila* ［J］. Frontiers in Microbiology, 2020, 11: 194.

［9］ KUANG S F, XIANG J, ZENG Y Y, et al. Elevated membrane potential as a tetracycline resistance mechanism in *Escherichia coli* ［J］. ACS Infectious Diseases, 2024, 10 (6): 2196-2211.

［10］ LAANTO E, BAMFORD J K, RAVANTTI J J, et al. The use of phage FCL-2 as an alternative to chemotherapy against columnaris disease in aquaculture ［J］. Frontiers in Microbiology, 2015, 6: 829.

［11］ LAI H Y, COOPER T F. Costs of antibiotic resistance genes depend on host strain and environment and can influence community composition ［J］. Proceedings of the Royal Society B-Biological Sciences, 2024, 291 (2025): 20240735.

［12］ LALAK A, WASYL D, ZAJĄC M, et al. Mechanisms of cephalosporin resistance in indicator *Escherichia coli* isolated from food animals ［J］. Veterinary Microbiology, 2016, 194: 69-73.

［13］ LI J, LI C, TAN C, et al. Inappropriate use of antibiotic enhances antibiotic resistance dissemination in ESBL-EC: Role of ydcz in outer membrane vesicles biogenesis and protein transport ［J］. Microbiological Research, 2024, 285: 127774.

［14］ MANCINI S, MARCHESI M, IMKAMP F, et al. Population-based inference of aminoglycoside resistance mechanisms in *Escherichia coli* ［J］. eBioMedicine, 2019, 46: 184-192.

［15］ MARKUSKOVÁ B, ELNWRANI S, ANDREZÁL M, et al. Characterization of bacteriophages infecting multidrug-resistant uropathogenic *Escherichia coli* strains ［J］. Archives of Virology, 2024, 169 (7): 142.

［16］ MAYBIN M, RANADE A M, SCHOMBEL U, et al. IS*1*-mediated chromosomal amplification of the arn operon leads to polymyxin B resistance in *Escherichia coli* B strains ［J］. mBio, 2024: e0063424.

［17］ MOHAMED D S, ABD EL-BAKY R M, EL-MOKHTAR M A, et al. Influence of selected non-antibiotic pharmaceuticals on antibiotic resistance gene transfer in *Escherichia coli* ［J］. PLoS One, 2024, 19 (6): e0304980.

［18］ TAVÍO M M, VILA J, RUIZ J, et al. Mechanisms involved in the development of resistance to fluoroquinolones in *Escherichia coli* isolates ［J］. Journal of Antimicrobial Chemotherapy, 1999, 44 (6): 735-742.

［19］ TENOVER F C. Mechanisms of antimicrobial resistance in bacteria ［J］. The American Journal of Medicine, 2006, 119 (6): S3- S10.

［20］ THAMMATINNA K, EGAN M E, HTOO H H, et al. A novel vibriophage exhibits inhibitory activity against host protein synthesis machinery [J]. Scientific Reports, 2020, 10 (1): 2347.

[21] VUKOVIC D, GOSTIMIROVIC S, CVETANOVIC J, et al. Antibacterial potential of non-tailed icosahedral phages alone and in combination with antibiotics [J]. Current Microbiology, 2024, 81 (7): 215.

[22] WANG R, XING S, ZHAO F, et al. Characterization and genome analysis of novel phage vB_EfaP_IME195 infecting *Enterococcus faecalis* [J]. Virus Genes, 2018, 54 (6): 804-811.

[23] WANG X, CUI Y, WANG Z, et al. NhaA: A promising adjuvant target for colistin against resistant *Escherichia coli* [J]. International Journal of Biological Macromolecules, 2024, 268: 131833.

[24] WEBBER M, PIDDOCK L J. Quinolone resistance in *Escherichia coli* [J]. Veterinary Research, 2001, 32 (3/4): 275-284.

[25] XIA C, YAN R, LIU C, et al. Epidemiological and genomic characteristics of global bla_{NDM}-carrying *Escherichia coli* [J]. Annals of Clinical Microbiology and Antimicrobials, 2024, 23 (1): 58.

[26] XIANG Y, LI W, SONG F, et al. Biological characteristics and whole-genome analysis of the *Enterococcus faecalis* phage PEf771 [J]. Canadian Journal of Microbiology, 2020, 66 (9): 505-520.

[27] YANG D H, LIU S, CAO L, et al. Quantitative secretome analysis of polymyxin B resistance in *Escherichia coli* [J]. Biochemical and Biophysical Research Communications, 2020, 530 (1): 307-313.

[28] YANG L, WU X, WU G, et al. Association analysis of antibiotic and disinfectant resistome in human and foodborne *E. coli* in Beijing, China [J]. Science of the Total Environment, 2024, 944: 173888.

[29] YE G, FAN L, ZHENG Y, et al. Upregulated palmitoleate and oleate production in *Escherichia coli* promotes gentamicin resistance [J]. Molecules, 2024, 29 (11): 2504.

[30] ZHANG J, CAO Z, LI Z, et al. Effect of bacteriophages on *Vibrio alginolyticus* infection in the sea cucumber, *Apostichopus japonicus* (Selenka) [J]. Journal of the World Aquaculture Society, 2015, 46 (2): 149-158.

[31] 艾铄, 张丽杰, 肖芃颖, 等. 高通量测序技术在环境微生物领域的应用与进展 [J]. 重庆理工大学学报 (自然科学), 2018, 32 (9): 111-121.

[32] 丁云娟. 副溶血弧菌噬菌体 qdvp001 的分离鉴定及其在牡蛎净化中的初步应用 [D]. 青岛: 中国海洋大学, 2012.

[33] 李琼琼, 宋明辉, 秦峰, 等. 制药企业生产环境中污染葡萄球菌菌种鉴定方法的比较评价及毒素基因调查分析 [J]. 中国医药工业杂志, 2019, 50 (4): 416-421.

[34] 李玉元. 金葡菌噬菌体 IME-SA1 和 IME-SA2 基因组分析及金葡菌新型检测方法研究 [D]. 南宁: 广西医科大学, 2014.

[35] 刘斌, GÜNTER J, JULIANE S, 等. 源于克雷伯氏菌 *Klebsiella sp.* AC-11 的 3 株噬菌体的生物学特性 [J]. 海洋学报 (中文版), 2011, 33 (4): 147-154.

[36] 刘凯迪, 罗华东, 王琳琳, 等. 东南沿海地区水禽源大肠杆菌耐药表型及耐药基因型的

调查 [J]. 中国畜牧兽医, 2021, 48 (12): 4690-4701.

[37] 鲁会军, 韩文瑜, 雷连成. 治疗性噬菌体制剂研究进展 [J]. 中国兽药杂志, 2002 (6): 39-41, 19.

[38] 戚少含, 陈穗, 李向丽, 等. 发酵食品中噬菌体多样性、辅助代谢功能及宿主互作研究进展 [J/OL]. 食品科学, 1-17. [2024-06-26]. http://kns.cnki.net/kcms/detail/11.2206.TS.20240529.1346.016.html.

[39] 申开梅. 长治鸡群大肠杆菌耐药状况的研究 [J]. 中国动物保健, 2012, 14 (11): 9-12.

[40] 陶梦珂, 李苗苗, 石晴晴, 等. 鸡源大肠杆菌生物被膜形成与耐药性、毒力基因的关联性分析 [J]. 畜牧与兽医, 2024, 56 (6): 86-93.

[41] 王宏栋. 黑龙江地区猪源致病性大肠杆菌耐药性分析及 PMQR 基因检测 [D]. 哈尔滨: 东北农业大学, 2016.

[42] 王静, 王劲, 孙运峰, 等. 治疗性噬菌体制剂的研究进展 [J]. 食品与药品, 2011, 13 (9): 366-370.

[43] 王梓晨, 牛洪梅, 刘阳泰, 等. 产志贺毒素大肠埃希氏菌活菌检测方法的应用现状及展望 [J]. 工业微生物, 2024, 54 (2): 92-100.

[44] 吴圆圆. 鸡大肠埃希氏菌裂解性噬菌体裂解能力的差异性分析 [D]. 石河子: 石河子大学, 2020.

[45] 辛勤, 李会荣, 赵学峰, 等. 噬菌体在家禽养殖领域中的应用 [J/OL]. 饲料工业: 1-12. [2024-06-26]. http://kns.cnki.net/kcms/detail/21.1169.S.20240402.1658.003.html.

[46] 杨毓. 噬菌体及其裂解酶对奶牛乳腺炎的治疗效果研究 [D]. 沈阳: 沈阳大学, 2013.

[47] 于鲁敏, 信阳, 杨传宗, 等. 禽致病性大肠埃希氏菌生物被膜形成的调控机制研究进展 [J]. 动物医学进展, 2024, 45 (1): 100-103.

[48] 张勋, 林吴兵, 孙念, 等. 2015 年安徽省细菌耐药监测分析 [J]. 安徽医药, 2016, 20 (10): 1944-1949.

[49] 赵庆友, 朱瑞良. 噬菌体制剂的研究现状及发展前景 [J]. 中国兽药杂志, 2010, 44 (7): 40-43.

[50] 赵曦, 郑德洪. 噬菌体防治植物细菌性病害研究进展 [J]. 广西植保, 2020, 33 (1): 32-36.

[51] 赵学慧, 曹青, 宋维丽, 等. 噬菌体内溶素在食品中的应用进展 [J/OL]. 中国兽医科学, 2024 (6): 1-7. [2024-06-26]. https://doi.org/10.16656/j.issn.1673-4696.2024.0103.

[52] 朱琳. 第二代测序技术在肿瘤治疗中的应用 [J]. 临床医药文献电子杂志, 2017, 4 (23): 4526-4527.

[53] 邹玲, 赵天祎, 王馨锐, 等. 大肠埃希氏菌噬菌体 swi2 裂解系统的表达及协同抑菌活性测定 [J]. 动物医学进展, 2024, 45 (4): 75-81.

5 水产品中的大肠埃希氏菌耐药株分离鉴定及耐药性分析

自1929年英国的微生物学家弗莱明发现青霉素以来，人们先后发明发现了喹诺酮类、大环内酯类、四环素类和氨基糖苷类等多种抗菌剂。这些抗菌药物在农业、畜牧、医药和水产养殖等很多方面得到了广泛的应用。抗菌药物的出现使得很多感染病得到了有效的治疗，人类预期寿命增加，农作物和水产养殖产量增加。但是，不同抗菌药物的广泛使用、不同耐药基因的横向传播和持续积累导致细菌种群中抗菌药物的选择压力增加，并且出现了对三类或者三类以上抗菌药物同时不敏感的多药耐药菌，细菌多重耐药现象越来越严重。

根据中国食源性疾病监测网的数据，我国沿海地区副溶血性弧菌引发的食品安全事故已位居微生物性食物中毒的首位。副溶血性弧菌可经常从海产品中分离，尤其是牡蛎。虽然只有很小比例的副溶血性弧菌对人类致病，但仍值得警惕。目前，全世界大量的研究表明副溶血性弧菌对一系列的抗菌药物产生了抗性，如氨苄西林、环丙沙星、链霉素和头孢类药物等。

大肠埃希氏菌是常见的条件致病菌，可使动物患病甚至死亡，给养殖业带来了巨大损失。而多重耐药株剧增，对人与动物的健康构成了新的威胁和挑战。大肠埃希氏菌是一种分布广、密度高、耐药性强的肠道寄生菌，其耐药基因容易在细菌间水平转移，是食源性致病菌多药耐药的主要原因。在许多发达国家和地区如美国、欧盟和加拿大等建立起来的监测细菌耐药性的网络中，大肠埃希氏菌就是重要的监测对象，虽然1997年中国建立了国家监测网络，但监测体系建设仍存在覆盖面窄、代表性弱等问题。大量研究表明大肠埃希氏菌对多种抗菌药物都有耐药性，比如氯霉素、四环素、氨苄西林、哌拉西林、卡那霉素和环丙沙星等。

大肠埃希氏菌对抗菌药物的耐受形势愈发严峻，调查它们的污染状况及其耐药趋势显得尤为重要。本章从各种海产品及海水中分离菌种，经保种及鉴定后，选择12种常用药物进行菌株的抗菌药物敏感性测试、16种常见药物测定菌株的最小抑菌浓度，又选取6种类型的64个耐药基因，测定菌株的耐药基因携带情况，最后进行了质粒接合转移实验，从而了解海洋菌株的耐药性及其传播机制，为临床用药指导、食品卫生风险研究和公共卫生干预提供可靠依据。

5.1　水产品中大肠埃希氏菌耐药株分析所需材料与仪器设备

5.1.1　菌株来源

从锦州、营口、大连、葫芦岛、丹东、盘锦等地的水产品市场中购买牡蛎、蛏子、螃蟹、海螺、扇贝、海虾、白蚬子、红蛤、黄花鱼等固体样品，从海洋中采集水样。共筛选得到 1275 株菌。将 1275 株菌分离纯化后，均保存于−80 ℃超低温冰箱中。本章所使用的菌株均是由实验室前期分离、纯化、鉴定和保种后的菌株。

笔者课题组常用的受体菌为 EC600（2.5 mg/mL 利福平）、TB1（100 μg/mL链霉素）和 J53（200 μg/mL 叠氮化钠）三株大肠埃希氏菌。为了选择合适的受体菌，实验前要对供体菌进行药敏试验，以确定接合是否发生。本章中的实验所用受体菌株是 J53，供体菌株是 F190228、F190232 和 F200357。

5.1.2　试剂与培养基

2216E 肉汤培养基、2216E 琼脂培养基、琼脂粉、Mueller-Hinton（M-H）培养基、脑心浸液（BHI）培养基（青岛高科技工业园海博生物技术有限公司），硫代硫酸盐柠檬酸盐胆盐蔗糖琼脂培养基（TCBS，北京陆桥技术股份有限公司），琼脂糖（北京亚米生物科技有限公司），氯化钠［福晨（天津）化学试剂有限公司］，50×TAE（北京索莱宝科技有限公司），DNA Marker DL2000［宝生物工程（大连）有限公司］，PCR mix 预混液、引物、细菌基因组 DNA 快速抽提试剂盒［生工生物工程（上海）股份有限公司］，改良型蛋白抗体防腐剂稳定剂（叠氮化钠替代品）、多黏菌素和头孢他啶（美仑生物科技有限公司），细菌药敏测定试剂盒（天津市金章科技发展有限公司）。本章相关研究所用药品及浓度为叠氮化钠替代品 0.03%、头孢他啶 30 μg/mL、多黏菌素 10 μg/mL。

5.1.3　仪器与设备

洁净工作台 SW-CJ-2F（苏州安泰空气技术有限公司），基因扩增仪 T30（杭州朗基科学仪器有限公司），微量分光光度计 N50（广州淳水生物科技有限公司），电子比浊仪 DensiCHEK Plus（Illumina 公司和生物梅里埃公司），自动压力蒸汽灭菌器 GI54DS［致微（厦门）仪器有限公司］，Gel DocXR+凝胶成像系统（美国 BIO-RAD 公司），Czone 5F 抑菌圈测量及菌落计数仪（杭州迅数科技有限公司），PE Victor X3 多功能酶标仪（珀金埃尔默仪器有限公司），电泳仪 DYY-8C（北京市六一仪器厂），智能生化培养箱 SPX-250（宁波海曙赛福实验仪器厂），小型台式高速离心机 Eppendorf 5417R（德国 Eppendorf 公司），全温振荡培养箱 HZQ-F160（太仓市试验设备厂），-20 ℃ 冰箱和冰柜（海尔集团公司），超低温冰柜（日本 SANYO 公司），BP310S 分析天平和 BP211D 电子天平（德国 Sartorius 公司），超声仪 BRANSON（美国 Thermo Fisher Scientific 公司），XcellTM 基因电击转化仪、0.2 cm 基因电击转化杯（美国 Bio-Rad 公司），Qubit2.0 荧光计、123-21D 磁力架（美国 Invitrogen 公司），UCD-200 超声打断仪（比利时 Diagenode 公司），Aglient 2100 Bioanalyzer（美国 Agilent Technologies），Miseq 测序仪（美国 Illumina 公司）。

5.2 水产品中大肠埃希氏菌耐药株分离鉴定及耐药性分析的方法

5.2.1 耐药菌株的分离

将固体样品去壳剪碎后均质，5 g 左右经过 0.85% 生理盐水浸泡增殖过夜培养后，每个样品各取 100 μL 增殖液直接均匀涂板；将每个液体样品各取 100 μL 直接均匀涂板，30 ℃ 孵育过夜后，选取上述样品中的单菌落，三区划线接种于 2216E 固体板中，30 ℃ 培养 24 h。过夜培养后，选择培养基上生长的单克隆菌落，将其转移到新的 2216E 固体培养基中。放入 30 ℃ 恒温培养箱进行过夜培养，培养完成后继续进行上述操作，直至 2216E 固体培养基平板上只剩一种菌落，视为菌株纯化完成，将纯化后的菌株密涂于 2216E 板，用保种液进行保种，-80 ℃ 保存备用。

5.2.2 耐药菌株的鉴定

DNA 模板的制备：取一环甘油保种菌液，在 2216E 平板上划线，倒置、30 ℃ 培养 12~24 h。挑取单克隆菌落，接种到 30 ℃ 和 130 r/min 摇床的液体培养基中过夜。取培养完成后的菌液 1 mL 于 1.5 mL EP 中，10000 r/min 离心 3 min，收集沉淀。加入 100 μL 灭菌的超纯水重悬，制备成菌悬液，转移到 200 μL 的离心管中。用 PCR 仪将菌体煮沸，条件是 99 ℃ 裂解 10 min。10000 r/min 离心 5 min。测定上清液浓度，取 5 μL 作为 DNA 模板。

16S rRNA 的体系为 50 μL，基因鉴定 PCR 体系见表 2-1，16S rRNA 基因扩增通用引物序列见表 2-2。PCR 反应参数为 94 ℃、3 min，94 ℃、40 s，退火条件是 50 ℃、40 s，72 ℃、90 s，30 个循环，72 ℃、5 min。经电泳后，观察电泳条带，阳性结果送至生工测序。测序结果在 DNA Star 中通过 SeqMan 软件拼接，在 NCBI 上进行 BLAST 比对。

5.2.3 耐药谱筛查

用 10 μL 的一次性接种环蘸取一环保种的甘油菌液进行三区划线接种至

2216E 固体平板上，30 ℃培养 24 h。用无菌棉签从 2216E 固体平板上挑取单克隆菌落，加入盛有 2 mL 0.85%灭菌生理盐水的麦氏比浊管中，在麦氏浊度仪上调整麦氏浊度在 0.49~0.51。用无菌的棉试纸蘸取配置好的处于浊度范围内的细菌悬浊液，在试管壁上轻轻按压几下，然后在 M-H 平板表面开始涂布，每次涂布完成后，旋转平板 60°再进行下次涂布，使得整个平板涂布均匀，用棉签涂布平板边缘 4 次左右，将涂布菌悬液的平板置于室温的无菌超净工作台内，取出冷藏的药敏纸片置于室温下 5~6 min，将镊子置于酒精灯外焰灼烧至红待其变凉后，用镊子夹取药敏纸片放在晾干的 M-H 平板上，并用镊尖轻压纸片，使其贴平，每个平板贴 6 个药敏纸片，每个药敏纸片之间的距离为 24 mm，且纸片中心与平板边缘的距离为 16 mm，镊子每次取用后都要进行灭菌处理，30 ℃倒置培养 24 h 后用抑菌圈测量及菌落计数仪量取抑菌圈直径大小。纸片扩散法（K-B 法）药敏试验及药敏判别标准见表 5-1。

表 5-1　纸片扩散法（K-B 法）药敏试验及药敏判别标准

类　　别	英文缩写	药　　物	药物浓度 /(μg·片⁻¹)	耐药折点 [抑菌圈直径（mm）/敏感性]	耐药折点 参考标准
β-内酰胺类	AMP	氨苄西林	10	≤13/R，≥17/S	
	TZP	哌拉西林	100	≤17/R，≥21/S	
	CAZ	头孢他啶	30	≤17/R，≥21/S	
	IPM	亚胺培南	10	≤19/R，≥23/S	
喹诺酮类	CIP	环丙沙星	5	≤15/R，≥21/S	CLSI-M45
	OFLX	氧氟沙星	5	≤12/R，≥16/S	
氨基糖苷类	AK	阿米卡星	30	≤14/R，≥17/S	
	CN	庆大霉素	15	≤14/R，≥19/S	
氯霉素类	C	氯霉素	30	≤12/R，≥18/S	
磺胺类	SXT	复方新诺明	23.75/1.225	≤10/R，≥16/S	
多肽类	CT	多黏菌素 E	10	≤10/R，≥11/S	FDA
四环素类	TE	四环素	30	≤11/R，≥15/S	

注：1. 表中数字代表对应的抑菌圈直径，S 代表敏感，R 代表耐药；

2. CLSI-M45，Clinical and Laboratory Stardards Institute，美国临床与实验室标准化协会；

3. FDA，Food and Drug Administration，美国食品药品监督管理局。

5.2.4　最小抑菌浓度测定

目前，最小抑菌浓度（minimal inhibitory concentration，MIC）被用来指示细菌耐药的程度。取出试剂盒，在板上标记好对应的菌株名称。直接挑取固体培养基上复苏后的单克隆菌落，均匀悬浮于 3 mL 样本稀释液中，用麦氏浊度仪调整为 0.5 麦氏浊度。将试剂盒配套使用的 12 mL 阳离子调节 M-H 肉汤缓慢倾倒于 V 形无菌槽内，用移液枪吸 100 μL 加入阴性对照孔中。然后用 M-H 肉汤在 V 形槽中按 1：200 的比例稀释 0.5 麦氏浊度菌液（即取上述 0.5 麦氏浊度菌液 60 μL 加到 M-H 肉汤中），轻轻摇动 V 形槽，使菌液充分混合。将稀释好的菌液按 100 μL/孔的量用微转移枪加入药敏板中，最终接种浓度约为 $5×10^5$ CFU/mL。接种时应从低浓度向高浓度添加药物。接种后，35 ℃培养 16~20 h。无细菌生长的孔中最低浓度为最低抑菌浓度。空白对照孔应无细菌生长。观察时需注意将药物因浓度较高而在肉汤中形成的沉淀与细菌生长产生的沉淀区分开来。抗菌药物体外 MIC 判断标准见表 5-2。抗菌药物稀释范围见表 5-3（参照 CLSI 标准制定）。

表 5-2　抗菌药物体外 MIC 判断标准

序号	抗菌药物	判断标准/(mg · L⁻¹)		
		敏感	中介	耐药
1	氨苄西林	≤8	16	≥32
2	哌拉西林	≤16	32~64	≥128
3	氨苄西林舒巴坦	≤8/4	16/8	≥32/16
4	替卡西林/克拉维酸	≤8/4	16/8	>32/16
5	头孢噻肟	≤1	2	≥4
6	头孢西丁	≤8	16	≥32
7	氯霉素	≤8	16	≥32
8	亚胺培南	≤1	2	≥4
9	氧氟沙星	≤2	4	≥8
10	头孢他啶	≤4	8	≥16
11	头孢吡肟	≤2	4~8	≥16
12	庆大霉素	≤4	8	≥16
13	阿米卡星	≤16	32	≥64
14	环丙沙星	≤1	2	≥4
15	复方新诺明	≤2/38	—	≥4/76
16	四环素	≤4	8	≥16

表 5-3　抗菌药物稀释范围

抗菌药物	药物稀释范围/(μg · mL⁻¹)					
氨苄西林	64	32	16	8	4	2
哌拉西林	256	128	64	32	16	8

抗菌药物	药物稀释范围/(μg·mL⁻¹)					
氨苄西林/舒巴坦	64/32	32/16	16/8	8/4	4/2	2/1
替卡西林/克拉维酸	64/2	32/2	16/2	8/2	4/2	2/2
头孢噻肟	16	8	4	2	1	0.5
头孢西丁	128	64	32	16	8	4
氯霉素	128	64	32	16	8	4
亚胺培南	16	8	4	2	1	0.5
复方新诺明	16/304	8/152	4/76	2/38	1/19	阳性对照
头孢他啶	32	16	8	4	2	1
头孢吡肟	32	16	8	4	2	1
庆大霉素	32	16	8	4	2	1
阿米卡星	128	64	32	16	8	4
环丙沙星	8	4	2	1	0.5	0.25
氧氟沙星	16	8	4	2	1	0.5
四环素	32	16	8	4	2	1

5.2.5 耐药基因筛查

对菌株抗菌药物耐药基因的筛查，主要包括碳青霉烯类、超广谱 β-内酰胺类、大环内酯类、喹诺酮类、多黏菌素类和氨基糖苷类等的筛查。引物同表 2-4~表 2-6。体系参数参考第 5.2.2 节。根据不同的引物选择不同的退火温度、延伸时间。PCR 完成后，进行 30 min 电泳，凝胶成像仪拍照并记录结果。以上所用到的引物都由上海生工生物合成。

5.2.6 质粒接合转移

以副溶血性弧菌 F200357 为例，质粒接合转移实验步骤如下：

先配制叠氮化钠替代品、头孢他啶、叠氮化钠替代品和头孢他啶平板，把供体菌、受体菌在平板上画线接种，30 ℃培养 12~24 h，观察菌株生长情况。当且仅当待试验供体菌菌株在叠氮化钠替代品药板上不长而在头孢他啶药板上生长，选定的受体菌菌株在头孢他啶药板上不长而在叠氮化钠替代品药板上生长，并且两种菌株在叠氮化钠替代品和头孢他啶药板上都不长时，才可进行后续试验。取 20 μL 待接合的供体菌、受体菌，接种到 3 mL 的 2216E 液体培养基中，于 30 ℃ 摇床 130 r/min 培养至菌液 $OD_{600}=1.0$ 左右。混合后转移至 10 mL 离心管中，3000 r/min、4 ℃、5 min 离心，移去上清液。然后用 2216E 液体培养基重悬细胞，洗涤 1 次，相同条件离心。用 80 μL 2216E 液体培养基重悬菌体。镊子经酒精灯灼烧后，取经灭菌的、0.45 μm 孔径的、1 cm² 面积左右的滤膜，把滤膜贴在 2216E 固体平板上。然后，将前一步骤中的重悬菌液加到滤膜上，充分吸收后 30 ℃培养 12~24 h。用经灼烧的镊子把滤膜移到添加了 800 μL 的 2216E 液体培养基的 EP 管里，将滤膜上的菌充分吹打。将菌体从滤膜上洗下来后重悬，混匀菌体。2216E 双抗板上加适量菌液涂布，同时，10 倍梯度稀释至 10³，选取 10² 和 10³ 分别涂布于 2216E 双抗板上，30 ℃培养 24~48 h。若长出单菌落，挑取单菌落，2216E 双抗板上密涂增菌，倒置 30 ℃培养 12~24 h。同时，单菌落疑似接合子，需要进行鉴定。据前期试验结果，确定供体菌所含的抗性基因及质粒上的抗性基因和类型，设计引物筛选抗性基因。若质粒类型鉴定和接合子中耐药基因结果相同，则需要确定接合子的 16S rRNA 基因序列，质粒类型应与供体菌相当，基因序列应与相应的受体菌相当。若确定接合成功后，将接合子甘油保种。

5.3 水产品中大肠埃希氏菌耐药株分离鉴定及耐药性分析的结果

5.3.1 耐药菌株分离与鉴定

挑选耐药谱较广的三株菌株，用煮沸裂解法提取 DNA，经 16S rRNA 的扩增，电泳后用凝胶成像仪观察。结果见图 5-1，可见明亮的条带，大小约为1500 bp。把三株菌株的 16S rRNA 扩增产物送至生工测序，测序的结果输入 GenBank 中比对，得到 F190228 和 F190232 都是大肠埃希氏菌，F200357 为副溶血性弧菌。

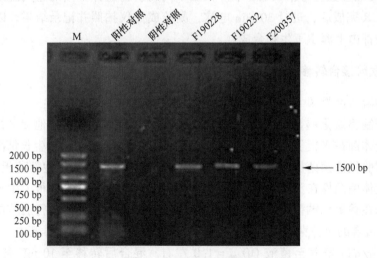

图 5-1 16S rRNA 电泳图

5.3.2 耐药谱筛查分析

本书对所分离得到的菌株都进行了耐药谱分析，最后选定 F190228、F190232、F200357 三株菌株，其耐药谱见表 5-4，F190228 对环丙沙星、氧氟沙星敏感，对氨苄西林、哌拉西林和亚胺培南中介耐药，对其余 7 种抗菌药物都不敏感；F190232 对氧氟沙星中介耐药，对其余抗菌药物均不敏感；F200357 对氨苄西林、哌拉西林、亚胺培南、环丙沙星、氧氟沙星及四环素敏感，对其他的 6 种抗菌药物都不敏感。

表 5-4　菌株药敏试验结果

药物类别	药物名称	抑菌圈直径（mm）/敏感性		
		F190228	F190232	F200357
β-内酰胺类	氨苄西林	14.741/I	6/R	23.547/S
	哌拉西林	19.409/I	6/R	23.667/S
	头孢他啶	13.172/R	6/R	16.196/R
	亚胺培南	22.234/I	18.198/R	31.136/S
喹诺酮类	环丙沙星	28.229/S	6/R	21.112/S
	氧氟沙星	28.483/S	12.177/I	21.476/S
氨基糖苷类	阿米卡星	6/R	6/R	6/R
	庆大霉素	6/R	6/R	6/R
氯霉素类	氯霉素	6/R	6/R	11.184/R
磺胺类	复方新诺明	6/R	6/R	6/R
多肽类	多黏菌素 E	6/R	6/R	6/R
四环素类	四环素	6/R	6/R	22.976/S

注：表中数字代表对应的抑菌圈直径，S 代表敏感，I 代表中介耐药，R 代表耐药。

5.3.3 最小抑菌浓度测定分析

本书对三株常见标准株进行了最小抑菌浓度测定，以检验药敏板结果的可靠性，三株标准株最小抑菌浓度结果见表 5-5。通过验证，表明该药敏板结果可靠，可以用于所选菌株 F190228、F190232、F200357 的最小抑菌浓度测定。利用肉汤稀释法分析三株菌对抗菌药物的敏感情况，结果表明：大肠埃希氏菌 F190228 对氯霉素、替卡西林/克拉维酸、阿米卡星、庆大霉素、四环素、头孢他啶、头孢噻肟和复方新诺明耐药，对亚胺培南、哌拉西林、氨苄西林和头孢吡肟中介耐药，对头孢西丁、氨苄西林/舒巴坦、氧氟沙星和环丙沙星敏感；大肠埃希氏菌 F190232 对亚胺培南、氯霉素、替卡西林/克拉维酸、哌拉西林、氨苄西林、四环素、环丙沙星、阿米卡星、庆大霉素、头孢他啶、头孢噻肟、头孢吡肟和复方新诺明耐药，对氧氟沙星和头孢西丁中介耐药，对氨苄西林/舒巴坦敏感；副溶血性弧菌 F200357 对氯霉素、阿米卡星、庆大霉素、头孢他啶和复方新诺明耐药，对亚胺培南、头孢西丁、氨苄西林/舒巴坦、替卡西林/克拉维酸、哌拉西林、氨苄西林、四环素、氧氟沙星、环丙沙星、头孢噻肟和头孢吡肟敏感（具体结果见表 5-6）。

表 5-5 标准株耐药性检测结果

抗菌药物	细菌名称	MIC/(μg·mL^{-1})	参考范围/(μg·mL^{-1})
亚胺培南	ATCC25922	≤0.5	0.06~0.25
	ATCC27853	≤0.5	1~4
	ATCC35218	—	
氯霉素	ATCC25922	≤4	2~8
	ATCC27853	—	—
	ATCC35218	—	—
头孢西丁	ATCC25922	≤4	
	ATCC27853	—	
	ATCC35218	—	
头孢噻肟	ATCC25922	≤0.5	0.03~0.12
	ATCC27853	8	
	ATCC35218	—	
替卡西林/克拉维酸	ATCC25922	8/2	2~8
	ATCC27853	16/2	—
	ATCC35218	≤2/2	
氨苄西林/舒巴坦	ATCC25922	4/2	2/1~8/4
	ATCC27853	—	
	ATCC35218	16/8	8/4~32/16
哌拉西林	ATCC25922	≤8	1~4
	ATCC27853	≤8	1~8
	ATCC35218	>256	>64
氨苄西林	ATCC25922	4	2~8
	ATCC27853	—	—
	ATCC35218	>64	>32
四环素	ATCC25922	≤1	0.5~2
	ATCC27853	16	8~32

抗菌药物	细菌名称	MIC/(μg·mL^{-1})	参考范围/(μg·mL^{-1})
氧氟沙星	ATCC25922	≤0.5	0.016~0.12
	ATCC27853	2	1~8
环丙沙星	ATCC25922	≤0.25	0.004~0.016
	ATCC27853	0.5	0.12~1
阿米卡星	ATCC25922	≤4	0.5~4
	ATCC27853	≤4	1~4
庆大霉素	ATCC25922	≤1	0.25~1
	ATCC27853	≤1	0.5~2
头孢吡肟	ATCC25922	≤1	0.016~0.12
	ATCC27853	2	0.5~4
头孢他啶	ATCC25922	≤1	0.06~0.5
	ATCC27853	2	1~4
复方新诺明	ATCC25922	≤1/19	≤0.5/9.5
	ATCC27853	16/304	8/152~32/608

表 5-6 菌株对抗菌药物敏感性结果

药物种类	抗菌药物	MIC (mg·L^{-1})/药物敏感性		
		F190228	F190232	F200357
碳青霉烯类	亚胺培南	2/I	4/R	<0.5/S
酰胺醇类	氯霉素	64/R	≥128/R	32/R
其他 β-内酰胺类	头孢西丁	8/S	16/I	≤4/S
青霉素类+酶抑制剂	替卡西林/克拉维酸	≥64/2/R	≥64/2/R	8/S
	氨苄西林/舒巴坦	8/4/S	8/4/S	≤2/S
青霉素类	哌拉西林	32/I	≥256/R	<8/S
	氨苄西林	16/I	≥64/R	≤2/S
四环素类	四环素	16/R	16/R	<1/S
喹诺酮类	氧氟沙星	<0.5/S	4/I	≤0.5/S
	环丙沙星	0.5/S	4/I	≤0.25/S
氨基糖苷类	阿米卡星	≥128/R	≥128/R	64/R
	庆大霉素	≥32/R	≥32/R	16/R
第三代头孢菌素类	头孢他啶	16/R	≥32/R	16/R
	头孢噻肟	≥16/R	≥16/R	1/S

药物种类	抗菌药物	MIC（mg·L⁻¹）/药物敏感性		
		F190228	F190232	F200357
第四代头孢菌素类	头孢吡肟	8/I	16/R	2/S
磺胺类	复方新诺明	8/152/R	8/152/R	4/76/R

注：表中数字代表对应药物的最低抑菌浓度（MIC），S 代表敏感，I 代表中介耐药，R 代表耐药。

5.3.4 耐药基因筛查分析

研究根据实验室所具有的耐药基因引物进行 PCR 扩增，电泳凝胶成像后观察结果。F190228 携带 bla_{CTX-M}、$bla_{CTX-M-1}$、$bla_{CTX-M-8}$、bla_{OXA-1}、bla_{SPM}、bla_{AIM}、bla_{VIM}、bla_{NDM}、bla_{TEM}、$mph(A)$、$aacA4cr$ 和 $aphA6$ 等 12 种耐药基因（见图 5-2）。F190232 携带 bla_{CTX-M}、$bla_{CTX-M-1}$、$bla_{CTX-M-8}$、bla_{OXA-1}、bla_{OXA-2}、bla_{OXA-10}、bla_{SPM}、bla_{AIM}、bla_{VIM}、bla_{SIM}、bla_{BIC}、bla_{NDM}、bla_{TEM}、$mph(A)$、$qnrD$、$aacA4cr$、$rmtB$ 和 $aphA6$ 等 18 种耐药基因（见图 5-3）。F200357 携带 $bla_{CTX-M-1}$、$bla_{CTX-M-9}$、bla_{SHV}、bla_{PER}、bla_{SME}、bla_{FIM}、bla_{TEM}、$mph(E)$、$msr(E)$、$qnrA$、$qnrB$、$qnrD$、$oqxAB$ 和 $aacA4cr$ 等 14 种耐药基因（见图 5-4）。

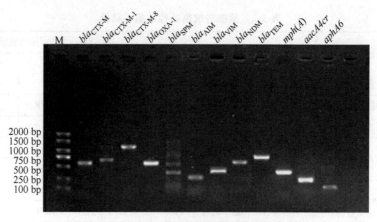

图 5-2　F190228 大肠埃希氏菌的耐药基因

5.3.5 质粒接合转移结果分析

通过接合转移实验，成功获得了接合子 F190228-J53、F190232-J53 和 F200357-J53。结果表明 F190228、F190232 和 F200357 均有质粒携带，并且能够携带着耐药基因进行水平传递。表 5-7 为接合子的药敏试验结果，图 5-5~图 5-7 为接合子耐药基因的携带情况（图 5-5~图 5-7 中，带 ＊ 的耐药基因属于未转移成

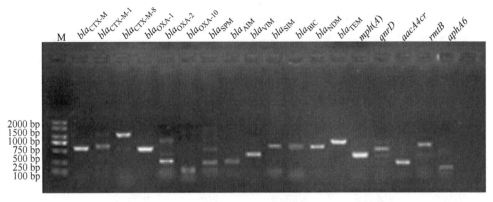

图 5-3　F190232 大肠埃希氏菌的耐药基因

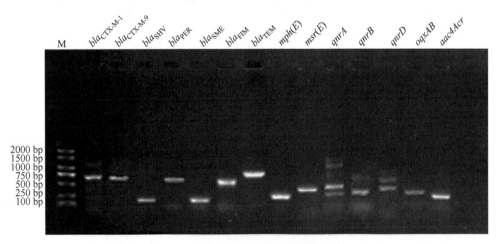

图 5-4　F200357 副溶血性弧菌的耐药基因

功的耐药基因）。从结果可以得出，因质粒接合转移造成的耐药基因传播情况非常严峻。菌株能够接合转移成功表明耐药基因传播途径在增加，这使菌株的耐药现象更为严重。

表 5-7　接合子药敏试验结果

药物类别	药物名称	抑菌圈直径（mm）/敏感性			
		F190228-J53	F190232-J53	F200357-J53	J53
β-内酰胺类	氨苄西林	16.184/I	6/R	28.126/S	26.385/S
	哌拉西林	25.841/S	6/R	26.972/S	34.54/S
	头孢他啶	6/R	6/R	18.862/I	32.471/S
	亚胺培南	36.298/S	21.734/I	31.692/S	40.3/S

续表 5-7

药物类别	药物名称	抑菌圈直径（mm)/敏感性			
		F190228-J53	F190232-J53	F200357-J53	J53
喹诺酮类	环丙沙星	22.409/S	6/R	35.18/S	45.679/S
	氧氟沙星	23.464/S	36.411/S	31.248/S	42.004/S
氨基糖苷类	阿米卡星	10.967/R	6/R	6/R	32.961/S
	庆大霉素	6/R	6/R	6/R	31.66/S
氯霉素类	氯霉素	15.53/I	10.53/R	26.728/S	30.372/S
磺胺类	复方新诺明	6/R	6/R	6/R	38.521/S
多肽类	多黏菌素 E	7.876/R	9/R	9.599/R	20.968/S
四环素类	四环素	6/R	8.486/R	20.309/S	35.102/S

注：表中数字代表对应的抑菌圈直径，S 代表敏感，I 代表中介耐药，R 代表耐药。

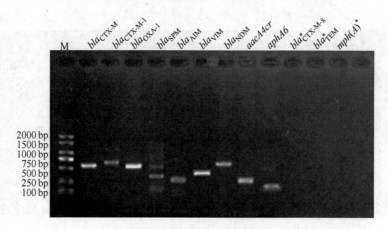

图 5-5 F190228-J53 的耐药基因

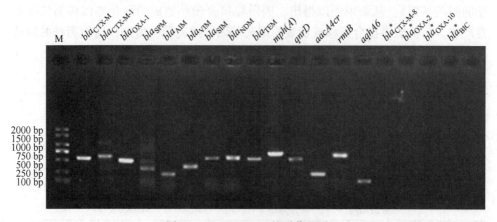

图 5-6 F190232-J53 的耐药基因

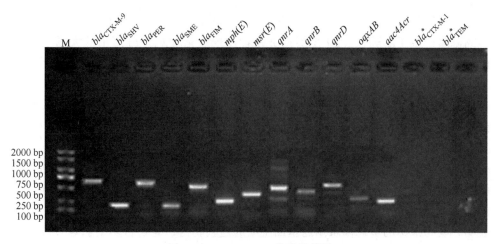

图 5-7　F200357-J53 的耐药基因

5.4　讨　论

　　肠杆菌是引起危及生命的严重感染的主要致病菌，副溶血性弧菌是世界上引起食物中毒的最重要的病原体之一。近年来，多药耐药问题越来越严重，出现了泛耐药甚至完全耐药的菌株，已成为全球公共健康难题。对碳青霉烯类或第三代头孢菌素耐药的肠杆菌科细菌是世界上急需开发新型有效抗菌药物的病原菌之一。染色体基因位点突变能够造成细菌对抗菌药物产生耐药性，但水平移动的耐药基因是细菌耐药的主要原因。

　　MIC 的测定及耐药基因筛查的扩增结果证明，海产品源分离的三株菌都为多重耐药（multi-drug resistance，MDR）株，都携带多种耐药基因，可见多药耐药性很严重。大肠埃希氏菌 F190228 除了对头孢西丁、氨苄西林/舒巴坦、氧氟沙星和环丙沙星敏感外，对其他常见抗菌药物均表现为耐药或是中介耐药。大肠埃希氏菌 F190232 除了对氨苄西林/舒巴坦敏感外，对氧氟沙星和头孢西丁有中介耐药性，对其他的常见抗菌药物都耐药。副溶血性弧菌 F200357 对亚胺培南、头孢西丁、氨苄西林/舒巴坦、替卡西林/克拉维酸、哌拉西林、氨苄西林、四环素、氧氟沙星、环丙沙星、头孢噻肟和头孢吡肟敏感，对其他所选用的抗菌药物都耐药。另外，通过药敏纸片的方法，了解到三株菌均对多黏菌素耐药，但是电泳结果并没有显示多黏菌素的条带，推测可能是三株菌中含有的耐药基因不是本实验室所合成的四种序列其中的任何一个。质粒接合转移实验证明了三株菌体内都含有质粒，具备了水平传播的能力，对人类身体健康存在较大的潜在危害。

　　多黏菌素的早期使用受到其肾毒性和神经毒性的限制。最近因其对多重耐药革兰氏阴性菌效果好而备受关注。作为多肽类抗菌药物，多黏菌素对几乎所有的革兰氏阴性杆菌都有杀菌作用。但是，这种药物的临床应用表明革兰氏阴性菌对多黏菌素产生了耐药性。2015 年，研究者发现从猪和鸡中分离出的大肠埃希氏菌对黏菌素的耐药率明显上升，随后对耐黏菌素的大肠埃希氏菌进行质粒分析，发现存在 mcr-1 基因。这个基因编码磷酸乙醇胺转移酶，且位于可转移质粒上。有研究表明，细菌对多黏菌素的抗性明显增加，并且是由携带 mcr-1 基因的质粒介导的，能将抗性传递给其他菌株。迄今为止，在携带 mcr 基因的质粒库中，已找到了 10 种变异体，即 mcr-1、mcr-2、mcr-3、mcr-4、mcr-5、mcr-6、mcr-7、mcr-8、mcr-9 和 mcr-10。多项研究显示牲畜、宠物和野生动物中均存在多黏菌素耐药的情况，牲畜是多黏菌素耐药菌的主要动物宿主。尽管多黏菌素在人群中的耐药率不高，但多黏菌素的临床应用面临着 mcr 基因全球传播的严重威胁。研究表明，动物来源的多黏菌素耐药基因主要通过食物链、宠物密切接触等方式传播给人类。此外，多黏菌素 B 与多黏菌素 E 之间存在交叉抗性，对多黏菌素 B 耐药的细菌也可通过相同的耐药机制对多黏菌素 E 产生抗性。鉴于质粒易于水平转移到多重耐药菌上，mcr 介导的多黏菌素耐药性的传播不能被忽视。

参 考 文 献

[1] AL-OTHRUBI S M, KQUEEN C Y, MIRHOSSEINI H, et al. Antibiotic resistance of *Vibrio parahaemolyticus* isolated from cockles and shrimp sea food marketed in Selangor, Malaysia [J]. Journal of Clinical Microbiology, 2014, 3 (3): 148-154.

[2] BOROWIAK M, FISCHER J, HAMMERL J A, et al. Identification of a novel transposon-associated phosphoethanolamine transferase gene, *mcr-5*, conferring colistin resistance in d-tartrate fermenting *Salmonella enterica* subsp. enterica serovar Paratyphi B [J]. Journal of Antimicrobial Chemotherapy, 2017, 72 (12): 3317-3324.

[3] CHOI N, CHOI E, CHO Y J, et al. A shared mechanism of multidrug resistance in laboratory-evolved uropathogenic *Escherichia coli* [J]. Virulence, 2024, 15 (1): 2367648.

[4] DAVIES R, WALES A. Antimicrobial resistance on farms: A review including biosecurity and the potential role of disinfectants in resistance selection [J]. Comprehensive Reviews in Food Science and Food Safety, 2019, 18 (3): 753-774.

[5] EJAZ H, QAMAR M U, FARHANA A, et al. The rising tide of antibiotic resistance: A study on extended-spectrum beta-lactamase and carbapenem-resistant *Escherichia coli* and *Klebsiella pneumoniae* [J]. Journal of Clinical Laboratory Analysis, 2024, 17: e25081.

[6] GILLINGS M R. Evolutionary consequences of antibiotic use for the resistome, mobilome and microbial pangenome [J]. Frontiers in Microbiology, 2013, 4: 4.

[7] INDIO V, OLIVERI C, LUCCHI A, et al. Shotgun metagenomic investigation of foodborne pathogens and antimicrobial resistance genes in artisanal fermented meat products from the Mediterranean area [J]. Italian Journal of Food Safety, 2024, 13 (2): 12210.

[8] JIANG Y, YAO L, LI F, et al. Characterization of antimicrobial resistance of *Vibrio*

parahaemolyticus from cultured sea cucumbers (*Apostichopus japonicas*) [J]. Letters in Applied Microbiology, 2014, 59 (2): 147-154.

[9] KHAWAJA T, MÄKLIN T, KALLONEN T, et al. Deep sequencing of *Escherichia coli* exposes colonisation diversity and impact of antibiotics in Punjab, Pakistan [J]. Nature Communications, 2024, 15 (1): 5196.

[10] LIU Y Y, WANG Y, WALSH T R, et al. Emergence of plasmid-mediated colistin resistance mechanism MCR-1 in animals and human beings in China: A microbiological and molecular biological study [J]. Lancet Infectious Diseases, 2016, 16 (2): 161-168.

[11] MOGESSIE H, LEGESSE M, HAILU A F, et al. *Vibrio cholerae* O1 and *Escherichia coli* O157: H7 from drinking water and wastewater in Addis Ababa, Ethiopia [J]. BMC Microbiology, 2024, 24 (1): 219.

[12] NANG S C, LI J, VELKOV T. The rise and spread of mcr plasmid-mediated polymyxin resistance [J]. Critical Reviews in Microbiology, 2019, 45 (2): 131-161.

[13] NELSON D W, MOORE J E, RAO J R. Antimicrobial resistance (AMR): Significance to food quality and safety [J]. Food Quality and Safety, 2019, 3 (1): 15-22.

[14] RADIMERSKY T, FROLKOVA P, JANOSZOWSKA D, et al. Antibiotic resistance in faecal bacteria (*Escherichia coli, Enterococcus spp.*) in feral pigeons [J]. Journal of Applied Microbiology, 2010, 109 (5): 1687-1695.

[15] ROTH N, KÄSBOHRER A, MAYRHOFER S, et al. The application of antibiotics in broiler production and the resulting antibiotic resistance in *Escherichia coli*: A global overview [J]. Poultry Science, 2019, 98 (4): 1791-1804.

[16] SANTOS L, RAMOS F. Antimicrobial resistance in aquaculture: Current knowledge and alternatives to tackle the problem [J]. International Journal of Antimicrobial Agents, 2018, 52 (2): 135-143.

[17] SCHACHNER-GRÖHS I, STROHHAMMER T, FRICK C, et al. Low antimicrobial resistance in *Escherichia coli* isolates from two large Austrian alpine karstic spring catchments [J]. Science of the Total Environment, 2023, 894: 164949.

[18] SHEN Y, ZHANG R, SCHWARZ S, et al. Farm animals and aquaculture: Significant reservoirs of mobile colistin resistance genes [J]. Environmental Microbiology, 2020, 22 (7): 2469-2484.

[19] SHETTY S S, DEEKSHIT V K, JAZEELA K, et al. Plasmid-mediated fluoroquinolone resistance associated with extra-intestinal *Escherichia coli* isolates from hospital samples [J]. Indian Journal of Medical Research, 2019, 149 (2): 192-198.

[20] SPRAGGE F, BAKKEREN E, JAHN M T, et al. Microbiome diversity protects against pathogens by nutrient blocking [J]. Science, 2023, 382 (6676): eadj3502.

[21] STYLES K M, LOCKE R K, COWLEY L A, et al. Transposable element insertions into the *Escherichia coli* polysialic acid gene cluster result in resistance to the K1F bacteriophage [J]. Microbiology Spectrum, 2022, 10 (3): e0211221.

[22] SU Y C, LIU C. *Vibrio parahaemolyticus*: A concern of seafood safety [J]. Food Microbiology,

2007, 24（6）：549-558.

[23] VON BAUM H, MARRE R. Antimicrobial resistance of *Escherichia coli* and therapeutic implications [J]. International Journal of Medical Microbiology, 2005, 295（6/7）：503-511.

[24] WANG C H, SIU L K, CHANG F Y, et al. A resistance mechanism in non-mcr colistin-resistant *Escherichia coli* in Taiwan：R81H substitution in PmrA is an independent factor contributing to colistin resistance [J]. Microbiology Spectrum, 2021, 9（1）：e0002221.

[25] WANG Z, FANG Y, ZHI S, et al. The locus of heat resistance confers resistance to chlorine and other oxidizing chemicals in *Escherichia coli* [J]. Applied and Environmental Microbiology, 2020, 86（4）：e02123-19.

[26] WASYL D, ZAJĄC M, LALAK A, et al. Antimicrobial resistance in *Escherichia coli* isolated from wild animals in Poland [J]. Microbial Drug Resistance, 2018, 24（6）：807-815.

[27] WELLINGTON E M, BOXALL A B, CROSS P, et al. The role of the natural environment in the emergence of antibiotic resistance in gram-negative bacteria [J]. Lancet Infectious Diseases, 2013, 13（2）：155-165.

[28] YEWALE V N. Antimicrobial resistance—A ticking bomb！ [J]. Indian Pediatrics, 2014, 51（3）：171-172.

[29] ZHANG A, HE X, MENG Y, et al. Antibiotic and disinfectant resistance of *Escherichia coli* isolated from retail meats in Sichuan, China [J]. Microbial Drug Resistance, 2016, 22（1）：80-87.

[30] ZHOU H, LU Z, LIU X, et al. Environmentally relevant concentrations of tetracycline promote horizontal transfer of antimicrobial resistance genes via plasmid-mediated conjugation [J]. Foods, 2024, 13（11）：1787.

[31] 李艳萍, 李卓荣. 多肽类抗菌剂研究进展 [J]. 国外医药（抗生素分册）, 2009, 30（4）：148-153.

[32] 刘秀梅, 陈艳, 王晓英, 等. 1992~2001 年食源性疾病暴发资料分析——国家食源性疾病监测网 [J]. 卫生研究, 2004（6）：725-727.

[33] 师帅, 吴春, 陆萍, 等. 4 种碳青霉烯类抗生素的药理学特点及临床应用评价 [J]. 中外女性健康研究, 2019（2）：110, 115.

[34] 谭敏. 四川省不同动物来源大肠杆菌耐药性监测及其耐药基因型、毒力基因型相关性 [D]. 成都：西南民族大学, 2022.

[35] 汤雨晴, 叶倩, 郑维义. 抗生素类药物的研究现状和进展 [J]. 国外医药（抗生素分册）, 2019, 40（4）：295-301.

[36] 陶梦珂, 李苗苗, 石晴晴, 等. 鸡源大肠杆菌生物被膜形成与耐药性、毒力基因的关联性分析 [J]. 畜牧与兽医, 2024, 56（6）：86-93.

[37] 滕艾颖. 山东省某农村产 ESBLs 大肠埃希氏菌的耐药与分子特征研究 [D]. 济南：山东大学, 2019.

[38] 王嘉威, 贺永超, 乔元明, 等. 噬菌体特性及应用研究进展 [J]. 山东畜牧兽医, 2024, 45（3）：77-80, 84.

[39] 王少辉. 禽致病性大肠杆菌 DE205B 黏附及侵袭相关因子的致病作用 [D]. 南京：南京

农业大学，2011.

[40] 王玉龙，王峰，马永华，等. 汉中地区仔猪腹泻性大肠埃希氏菌的分离鉴定及生物学特性研究 [J]. 动物医学进展，2024，45（5）：14-17.

[41] 魏蕊蕊，张纯萍，邹明，等. 革兰阴性菌对多黏菌素的耐药性及其机制研究进展 [J]. 动物医学进展，2013，34（2）：79-82.

[42] 夏枫峰，油九菊，徐胜威，等. 水产食品源大肠杆菌耐药基因传播元件Ⅰ、Ⅱ、Ⅲ型整合子多样性分析 [J]. 微生物学通报，2024，51（5）：1690-1700.

[43] 杨政，袁喆. 多黏菌素治疗多重耐药革兰阴性菌感染的新进展 [J]. 中国新药与临床杂志，2013，32（12）：931-936.

[44] 赵泰霞，周圆圆，田雯欣，等. 白羽鸡致病性大肠杆菌、沙门氏菌的分离鉴定及抗生素耐受性分析 [J/OL]. 微生物学通报：1-11. [2024-06-26]. https：//doi. org/10. 13344/j. microbiol. china. 2300913.

[45] 赵晓苇，陈方圆，危宏平，等. 噬菌体裂解酶 LysP53 漱口水的制备与评价 [J]. 口腔医学研究，2023，39（6）：553-557.

6 水产品耐药菌质粒基因组序列测定及其生物信息学分析

自 1977 年全基因组测序（WGS）技术被开发以来，已经过去了 40 多年。WGS 发展非常迅速，经三代技术创新，俨然成为快速且低成本的获取全基因组序列的一种方法。如今，最广泛的杂交测序法是把二代测序同三代测序联合使用。这项技术充分使用了长读长对重复的序列或是缺口跨度以及超级准确的短读长来对测序错误的碱基进行纠正。以上两种技术联合起来使用克服了各自存在的缺点。越来越多的菌株在 GenBank 数据库中完成了 WGS，并且可以从 WGS 数据里组装出来质粒。

WGS 质粒组装程序遵循贪婪法（greedy）、重叠布局共识（overlap-layout-consensus，OLC）、de Bruijn 图（de bruijn graph，DBG）及字符串图（string graph）的算法来组装序列。二代测序短读长由 DBG 组装而成。SMRT 和 ONT 使用适合长读长组装 OLC 的方法。SMRT 读长组装的错配率很低，准确度比 MinION 的读长组装高得多，但是组装程序对于均聚物（TTTTT、AAAAA、CCCCC 和 GGGGG）方面的效果却很差。Illumina 短读长和 ONT 长读长联合装配体最大限度地提高了重复区域、插入序列和高 GC% 含量区域的准确性。剪接含有丰富质粒的细菌基因组能以更少的错误组装更大的重叠群，即使在长读序列的深度和准确性较低的情况下。质粒的组装受到某些固有特征的阻碍。频繁插入细菌基因组和转座因子会阻止质粒的完全组装。

对质粒的鉴定方法可以分为两种：一种是从测序读数或组装图重建整个质粒序列。另一种是带有组装重叠群的质粒。确定重叠群是否来自质粒的现有预测因子可分为三类：在具有标记基因的序列中搜索复制子；以质粒和染色体序列的基因组特征为基础的方法；质粒基于读取深度和 GC% 含量特征进行鉴定。

6.1 水产品耐药菌质粒基因组序列测定所需的材料

参照第 2.1 节。

6.2 水产品耐药菌质粒基因组序列测定及其生物信息学分析的方法

6.2.1 提取高纯度的细菌基因组 DNA

参照第 3.2.1 节。

6.2.2 大片段文库构建

（1）基因组 DNA 片段化处理：DNA 可用选定的配对转座酶进行片段化，生物素化配对接头可以与 DNA 片段结合。DNA 用量是 1 μg。具体步骤详见试剂盒说明书。

（2）链置换：将片段化后的 DNA 和生物素的接头连接，但是链末端和接头间会有个小小的间隙。此步骤就是为了将小间隙补平，所用到的物质是多聚酶。该步骤为下步的环化做准备。具体步骤详见试剂盒说明书。

（3）环化：DNA 在循环前，需要测定样品浓度。Gel-free 方法 DNA 用量为 250~700 ng。若增加 DNA 用量，虽然可使文库产量及多样性增加，但也会加强不利影响。具体步骤详见试剂盒说明书。

（4）消化线性 DNA：若想把线性 DNA 除干净，需用 DNA 核酸外切酶来处理，仅留完整环状的 DNA 分子。具体步骤详见试剂盒说明书。

（5）剪切环化 DNA：环状 DNA 用物理法破碎成 300~1000 bp 的长度，形成具有 3′或 5′聚合末端的小 DNA 片段。具体步骤详见试剂盒说明书。

（6）链霉亲和素珠子吸附：此步用的磁珠是 Dynabeads M-280 Streptavidin Magnetic Beads。这类磁珠可对含生物素化连接接头的片段进行特异吸附。必须注意在 PCR 扩增之前不要转移 PCR 管，以减少样品损失。在接下来的几个步骤中，碎片将被吸引到磁珠上。为了减少损失，不能为了重新悬浮而混合样品或者用枪吹打，轻轻摇晃 EP 管或是轻弹管底即可达到目的，再快速离心。具体步骤详见试剂盒说明书。

（7）补平末端：具体步骤详见试剂盒说明书。

（8）加 A 尾：该步是为了将 A 碱基添加到 DNA 片段的 3′端。使得相应接头的 3′端有单个 T 碱基，从而促进互补配对。具体步骤详见试剂盒说明书。

（9）加接头：具体步骤详见试剂盒说明书。

（10）PCR 扩增：具体步骤详见试剂盒说明书。

（11）PCR 纯化：为了除掉小于 300 bp 的小片段，需要用磁珠洗 PCR 反应扩增产物。具体步骤详见试剂盒说明书。

（12）文库质量的评价：使用安捷伦高灵敏度 DNA 试剂盒和安捷伦 2100 生

物分析仪评估构建文库的质量并分析峰值大小来定文库是否可以测序。

6.2.3 质粒测序、拼接及组装

自待测细菌里获得全基因组 DNA，构建 Mate-pair 大片段文库，然后进行三代大片段测序，所用仪器是 MiSeq（Illumina）。最后用 Newbler 2.6 对下机序列进行序列的拼接以及组装。

6.2.4 质粒基因组生物信息学分析

先用 RAST 2.0 网站初步预测质粒序列的 ORF 和假基因，然后用 Plasmid Finder 数据库确定质粒类型和参考质粒。把复制起点的 5′ 端作为起始点，用 BLAST 数据库找近缘质粒作为参考来划分骨架区域和外源插入区域。LASTP/BLASTN 验证并改进 ORF 的信息。用 ISsaga 和 ResFinder 预测移动元件和耐药位点的外源插入序列。用 ISfinder 对插入序列进行注释，用 INTEGRALL 和 Tn Number Registry 对移动元件作详细标注。最后用 Inkscape 0.48.1 软件作图。

6.3 水产品耐药菌质粒基因组序列测定及其生物信息学分析的结果

6.3.1 测序质粒全序图

pF190228p3 属于 IncFⅡ型质粒，全长为 118.36 kb，一共包含 159 个 ORFs，骨架区大小为 85.01 kb，插入区大小为 33.35 kb，含有 IS*26*、IS*6100*、Tn*2* 和 Tn*5393* 四种移动元件和 *fosA3*、*dfrA*、*aadA2*、*qacE*、*sul1*、*bla*$_{NDM-9}$ 和 *mph*（A）等耐药基因。质粒环第一圈（由外向内数）代表各个基因，根据各个基因功能不同进行分类并上色，具有复制功能的区域为绿色，蓝色为质粒稳定性相关基因，橙色为质粒接合转移基因，红色为外源插入基因；第二个环代表质粒上每一部分基因的来源，黑色区域为骨架区，与质粒的稳定性有关，灰色区域为外源插入区，是在进化的过程中与其他微生物相结合的结果，因为其中含有的耐药基因较多，把它命名为多药耐药区；图中（图 6-1）最内的两环分别表示（G-C）/（G+C）和 GC 含量占比。通过 NCBI 数据库对比，发现与该质粒同源性较高的质粒还存在于肺炎克雷伯氏菌、福氏志贺菌、肠炎沙门氏菌中，证明该质粒可以在菌株间水平传播。

6.3.2 与近缘质粒线性对比图

把起始蛋白相同、序列相似、覆盖率高等作为基本原则，通过 NCBI 数据库寻找质粒 pF190228p3 的近缘质粒 pHNTH02-1，并选其作为参考质粒。参考质粒

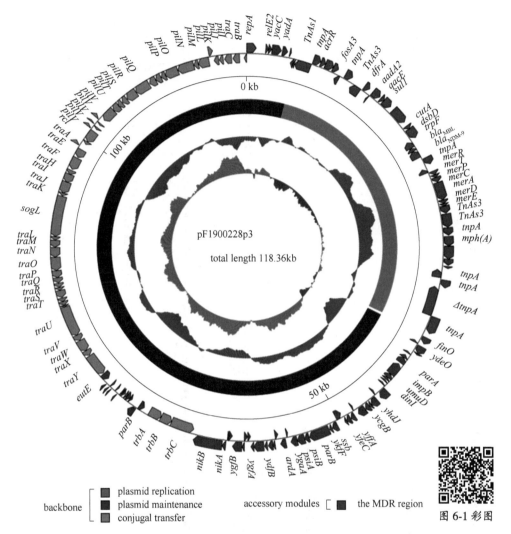

图 6-1 质粒 pF190228p3 圈图

大小为 101.65 kb，一共包含 129 个 ORFs，同样含有 IS26、IS6100、Tn2 和 Tn5393 四个移动元件和 fosA3、dfrA、aadA2、qacE、sul1、$bla_{\text{NDM-9}}$ 和 mph(A) 等耐药基因。参考质粒的外源插入区与 pF190228p3 几乎相同，不同的是与 pF190228p3 相比，参考质粒丢失了后边的一段大小为 17.26 bp 的序列。质粒 pF190228p3 和 pHNTH02-1 线性比较图见图 6-2。

6.3.3 耐药基因座位对比图

pF190228p3 质粒与 Tn6296、Tn21、Tn2、Tn1548 和 Tn5393c 等移动元件有重复序列。由图 6-3 可知，Tn6296 只有前边和后边的一部分序列与质粒 pF190228p3

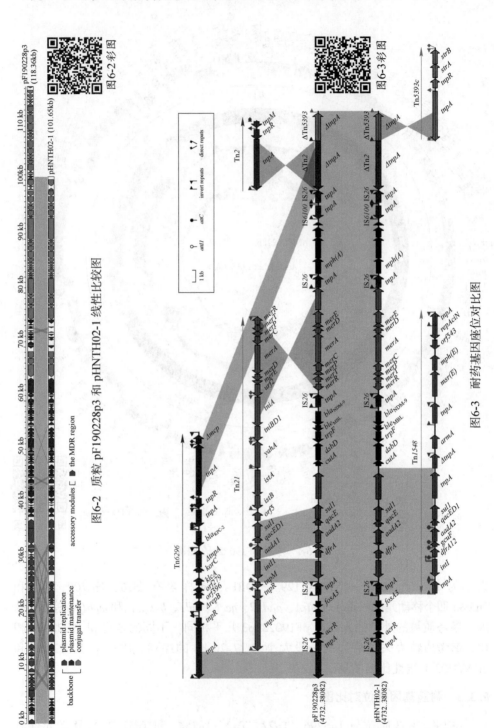

图6-2 质粒 pF190228p3 和 pHNTH02-1 线性比较图

图6-3 耐药基因座位对比图

相同，中间被 Tn*21* 和 Tn*1548* 的一些片段替换，并且中间插入了一些 IS*26* 小片段。Tn*2* 只有前半部分序列与质粒 pF190228p3 重复，后半部分被 Tn*5393c* 所替换。从图 6-3 中可以更加明确地了解到参考质粒 pHNTH02-1 的外源插入区与 pF190228p3 几乎相同。

6.4 讨　论

在志贺氏菌、大肠埃希氏菌、肠炎沙门氏菌内，IncF 质粒会编码特殊的毒力性状，所以在上述细菌中，IncF 质粒被称为毒力质粒。IncF 质粒是一种流行的耐药质粒，在大肠埃希氏菌中稳定并广泛传播，有耐药性和致病性，携带与抗菌药物抗性、毒素、重金属抗性、稀有物质代谢相关的基因，帮助宿主抵抗外界不利因素，增加了细菌对其所生活环境的适应性。根据复制子差异，IncF 质粒进一步分类可分为 4 个亚型，分别为 IncF Ⅰ A、IncF Ⅰ B、IncF Ⅰ C 和 IncF Ⅱ。IncF Ⅱ 质粒通常是低拷贝、大于 100 kb 的窄宿主质粒，主要的宿主菌是肠杆菌。具有相同复制控制系统的相似质粒经多次传代后不能在同一细胞内共存，最终将其中一个质粒排除在细胞外。这种现象就是质粒的不相容性（incompatibility，Inc）。IncF Ⅱ 质粒通常是多复制子质粒。具有多个复制子的 IncF Ⅱ 质粒可打破质粒的不相容屏障。

通过基因组数据分析，对质粒 pF190228p3 各个基因片段进行精细注释，找到了耐药基因的插入位点，确认了质粒所携带的所有耐药基因。把质粒 pF190228p3 放入 NCBI 数据库进行比较分析，得到近缘质粒，用其作为参考质粒与分离出的质粒进行比较，证实了质粒可以携带耐药基因在不同种类之间进行水平传播。通过耐药基因座位对比图可以更加清楚地了解耐药基因和移动元件的来源及携带情况。本书通过对 IncF Ⅱ 多药耐药质粒 pF190228p3 的结构基因组学进行分析，进一步阐明了大肠埃希氏菌 F190228 对氨基糖苷类、氯霉素类、磺胺类、多肽类、四环素类等抗菌药物的耐药机制。对 IncF Ⅱ 类型质粒介导的耐药基因水平转移机制加深了了解，为细菌感染性疾病的用药标准化和开发新的抗菌药物提供了理论依据。

参 考 文 献

[1] ARREDONDO-ALONSO S, WILLEMS R J, VAN SCHAIK W, et al. On the (im) possibility of reconstructing plasmids from whole-genome short-read sequencing data [J]. Microbial Genomics, 2017, 3 (10)：e000128.

[2] CARATTOLI A, HASMAN H. PlasmidFinder and In Silico pMLST：Identification and typing of plasmid replicons in whole-genome sequencing (WGS) [J]. Methods in Molecular Biology, 2020, 2075：285-294.

［3］ DE MAIO N, SHAW L P, HUBBARD A, et al. Comparison of long-read sequencing technologies in the hybrid assembly of complex bacterial genomes ［J］. Microbial Genomics, 2019, 5 (9): e000294.

［4］ ELLIOTT I, BATTY E M, MING D, et al. Oxford nanopore minion sequencing enables rapid whole genome assembly of rickettsia typhi in a resource-limited setting ［J］. American Journal of Tropical Medicine and Hygiene, 2020, 102 (2): 408-414.

［5］ HENSON J, TISCHLER G, NING Z. Next-generation sequencing and large genome assemblies ［J］. Pharmacogenomics, 2012, 13 (8): 901-915.

［6］ HYMAN R W, JIANG H, FUKUSHIMA M, et al. A direct comparison of the KB™ Basecaller and phred for identifying the bases from DNA sequencing using chain termination chemistry ［J］. BMC Research Notes, 2010, 3: 257.

［7］ JOHNSON T J, NOLAN L K. Pathogenomics of the virulence plasmids of *Escherichia coli* ［J］. Microbiology and Molecular Biology Reviews, 2009, 73 (4): 750-774.

［8］ KANZI A M, SAN J E, CHIMUKANGARA B, et al. Next generation sequencing and bioinformatics analysis of family genetic inheritance ［J］. Frontiers in Genetics, 2020, 11: 544162.

［9］ LACZNY C C, GALATA V, PLUM A, et al. Assessing the heterogeneity of in silico plasmid predictions based on whole-genome-sequenced clinical isolates ［J］. Briefings in Bioinformatics, 2019, 20 (3): 857-865.

［10］ RAUTIAINEN M, MARSCHALL T. MBG: Minimizer-based sparse de Bruijn Graph construction ［J］. Bioinformatics, 2021, 37 (16): 2476-2478.

［11］ SYDENHAM T V, OVERBALLE-PETERSEN S, HASMAN H, et al. Complete hybrid genome assembly of clinical multidrug-resistant bacteroides fragilis isolates enables comprehensive identification of antimicrobial-resistance genes and plasmids ［J］. Microbial Genomics, 2019, 5 (11): e000312.

［12］ UELZE L, GRUTZKE J, BOROWIAK M, et al. Typing methods based on whole genome sequencing data ［J］. One Health Outlook, 2020, 2: 3.

［13］ VILLA L, GARCIA-FERNANDEZ A, FORTINI D, et al. Replicon sequence typing of IncF plasmids carrying virulence and resistance determinants ［J］. Journal of Antimicrobial Chemotherapy, 2010, 65 (12): 2518-2529.

［14］ WICK R R, JUDD L M, GORRIE C L, et al. Unicycler: Resolving bacterial genome assemblies from short and long sequencing reads ［J］. Plos Computational Biology, 2017, 13 (6): e1005595.

7 水产品源大肠埃希氏菌噬菌体的生物学特性分析

大肠埃希氏菌是一种革兰氏阴性、无孢子短杆菌，是温血动物和人类肠道中的常见菌。后来经研究发现，某些特殊血清型的大肠埃希氏菌能引起人畜疾病，特别是处于幼龄阶段的人类和温血动物，易出现严重的腹泻和败血症，甚至可能导致死亡。在现代医学领域，抗菌药物的广泛应用有效控制了细菌感染，人类的健康情况得以改善，平均寿命显著延长。但随之而来的还有抗菌药物引起的细菌耐受性增强，抗菌药物在食品中的残留问题，以及毒副作用；这些问题在很大程度上削弱了抗菌药物在医学上的价值。抗菌药物耐药性危机让噬菌体疗法成为一种潜在的替代或补充疗法，噬菌体是一种有前途的廉价抗菌剂。

噬菌体是存在于自然界中数量极其庞大的生物群体，有文献显示，存在于自然界中的噬菌体，其总数可达 10^{32}，噬菌体宿主细菌种类繁多，包括细菌、真菌和其他微生物，它们合成及组装本身的成分是利用宿主菌的复制来完成的，最后破坏宿主菌以实现子代噬菌体的释放。通常噬菌体存在于相应细菌存在的地方，它们和宿主菌相互斗争又共同进化，在控制细菌感染的相关疾病方面有重要的应用潜力。以与宿主菌的相互作用为依据，可将其分成溶原化和溶菌反应两种类型。溶原性噬菌体以溶原化形式在细菌种群的水平基因转移和遗传多样性中发挥重要作用，此类研究越来越受到关注。因其对宿主菌的溶解作用，烈性噬菌体在细菌分型和细菌感染控制方面一直保留着巨大的空间，很有研究价值。

本章把大肠埃希氏菌作为宿主菌，对自海产品市场污水中分离得到的大肠埃希氏菌烈性噬菌体的生物学特性和抗菌活性进行分析研究，为寻找噬菌体作为大肠埃希氏菌的生物防治物的可行性奠定基础。

7.1 水产品源大肠埃希氏菌噬菌体的生物学特性分析的材料与仪器

7.1.1 菌株来源

大肠埃希氏菌 F190228 由本实验室分离鉴定并保存。

7.1.2　试剂与培养基

BHI 培养基、琼脂粉（青岛高科技工业园海博生物技术有限公司），0.5%结晶紫水溶液（北京索莱宝科技有限公司），冰醋酸［福晨（天津）化学试剂有限公司］，氯仿（三氯甲烷）、明胶（国药集团化学试剂有限公司），硫酸镁（$MgSO_4 \cdot 7H_2O$，天津博迪化工股份有限公司），NaCl（天津市福晨化学试剂厂），甘油（天津市恒兴化学试剂制造有限公司），0.45 μm 针孔过滤器、0.22 μm针孔过滤器（上海兴亚净化材料厂），50×TAE 缓冲液、结晶紫（北京索莱宝生物科技有限公司）。

SM 缓冲液：1 g/L 明胶，0.1 mol/L NaCl，8 mmol/L $MgSO_4$，1 mol/L Tri-HCl（pH=7.5），121 ℃灭菌 20 min。

7.1.3　仪器与设备

参照第 2.2.3 节。

7.2　水产品源大肠埃希氏菌噬菌体的生物学特性分析的方法

7.2.1　噬菌体的分离纯化

样品采集：2021 年 8 月 14 日至 2021 年 9 月 16 日采集锦州市水产市场、农贸市场、超市、地下污水、海产品饲养水和海水共计样品 80 份，采样后核对登记样品信息，放入保存箱中，2 h 内迅速返回实验室进行样品处理。

大肠埃希氏菌活化：首先将-80 ℃保存的菌株在 BHI 的平板上划线，30 ℃培养 8~10 h，次日，挑单菌落在固体 BHI 平板上划线，30 ℃环境下，培养 8~10 h。在上述固体板上挑取单菌落，置于 10 mL BHI 液体培养基中，30 ℃、130 r/min摇床中培养 8~10 h。

噬菌体的分离纯化：参照文献的方法，以 F190228 为宿主菌，对噬菌体进行分离和纯化。对于固体样品，将样品用经灭菌的手术刀宰杀去壳，置于经灭菌的烧杯中，随后加入 0.85% NaCl，使其浸没，室温条件下静置 8 h，离心去除杂质留浸液（之后与液体样品处理步骤相同）。分别取上述液体样品 20 mL 置于50 mL离心管中，加入终浓度为 1 mmol/L 的 $CaCl_2$，4 ℃放置 8 h，8000 r/min 离心 10 min，0.45 μL 针孔过滤器过滤，滤液于 4 ℃备用。50 mL 无菌离心管加20 mL BHI 液体培养基和 5 mL 宿主菌，30 ℃、130 r/min 培养过夜，4 ℃、8000 r/min、10 min 离心，上清液用 0.45 μL 针孔过滤器过滤，滤液经稀释后，取稀释液 500 μL 和等体积大肠埃希氏菌混合，室温静置 15 min，将混合液倒入约 50 ℃含有 0.75%琼脂的 BHI 培养基中，随即迅速倾倒在固体琼脂培养基上，防止时间过长而使其凝固，影响观察噬菌斑的形态。上层的培养基凝固后，倒放于 30 ℃培养箱里培养 8 h，查看是否出现噬菌斑。挑选有噬菌斑出现的平板。用灭菌后的枪头把单斑挑出放进有 1 mL SM 缓冲液的同样经灭菌的离心管中，4 ℃放置 8 h。8000 r/min、5 min 离心，上清液用 0.22 μm 针孔过滤器过滤，滤液用于分离纯化菌斑。此步骤通常需要重复 3~5 次，直到斑块大小和形状均一。

噬菌体的增殖：噬菌体增殖有固体增殖法和液体增殖法。液体增殖法是各取 200 μL 噬菌体液与新鲜培养的对数期的大肠埃希氏菌菌液混合，静置 15 min，然后加入 10 mL BHI 液体培养基，30 ℃、130 r/min 摇床振荡过夜培养。经 8000 r/min、10 min 离心，滤液用 0.22 μm 针孔过滤器过滤，收集滤液，测定其效价，得到噬菌体增殖液，4 ℃保存备用。固体增殖法是选择平板上噬菌斑密集却不相连的，加入 10 mL SM 缓冲液，4 ℃静置过夜。将半固体琼脂和缓冲液转移到经灭菌的 EP 管中离心，条件是 8000 r/min、10 min，上清液用 0.22 μm 针孔过滤器过滤。收集滤液，测定效价。得到噬菌体增殖液，4 ℃于冰箱保存备用。

7.2.2　噬菌体效价测定

单位体积（每 1 mL）悬浮液样品中噬菌体的个数被称为噬菌体效价（plaque form unit，PFU）。参照文献，噬菌体 Ec2101 滤液用缓冲液 SM 进行稀释（稀释到 10^8 倍），取各个梯度的稀释液 200 μL 分别与同等体积的菌液混合，于室温下静置 15 min，加入 5 mL 50 ℃左右的 BHI 半固体培养基（琼脂浓度 0.75%），混匀，倒在琼脂培养基上做成双层的平板，上层培养基凝固后，倒置，30 ℃培养 8 h，计算效价，实验设置 3 组重复。

噬菌体增殖液效价（PFU/mL）＝噬菌斑×稀释倍数×5。

7.2.3　噬菌体常规稀释度的测定

噬菌体增殖液 10 倍梯度稀释后，分别取稀释后的稀释液 2.5 μL，滴至预先加有大肠埃希氏菌的培养基上，30 ℃培养 12 h，以不能引起融汇裂解但最接近融汇裂解的稀释度为常规稀释度（RTD）。

7.2.4　噬菌体最佳感染复数的测定

初始感染时所加噬菌体的数量同宿主菌数量的比值叫做感染复数（multiplicity of infection，MOI），又称为感染倍数。将噬菌体增殖液与菌液分别按照 MOI = 1000、MOI = 100、MOI = 10、MOI = 1、MOI = 0.1、MOI = 0.01、MOI = 0.001、MOI = 0.0001、MOI = 0.00001、MOI = 0.000001、MOI = 0.0000001、MOI = 0.00000001 的比例加至 BHI 液体培养基中，30 ℃、130 r/min 振荡培养 10 h。分别取培养液，4 ℃、8000 r/min、离心 10 min 后经 0.22 μm 针孔过滤器过滤，然

后对其上清液进行检测，计算噬菌体效价，最高 MOI 值是噬菌体感染的最佳感染复数。为保证结果的准确性，实验需重复 3 次。

7.2.5 噬菌体吸附率的测定

一般来说，噬菌体的吸附率能表征单个噬菌体在感染宿主时吸附的效率，由吸附效率可判断噬菌体的吸附特异性，为噬菌体一步生长曲线的测定提供依据。参照文献，将噬菌体以最佳感染复数的比例侵染大肠埃希氏菌，在 30 ℃恒温培养箱中培养 15 min。接着在 0 min、1 min、2 min、3 min、4 min、5 min、7 min、10 min、15 min、20 min、25 min、30 min 时间点取培养液，离心 5 min（4 ℃，10000 r/min），经过滤后弃去沉淀，滤液 10 倍梯度稀释，测定上清液中残留噬菌体的效价。实验重复 3 次。

噬菌体吸附效率=[（噬菌体初始效价−上清液中的残留效价)/初始效价] × 100%。

7.2.6 噬菌体的一步生长曲线

一步生长曲线（one-step growth curve）是对烈性噬菌体生长曲线的定量解释，常被用来表征噬菌体在宿主体内的复制和生长情况，包括潜伏期、裂解期和裂解量 3 个指标。取 1 mL 培养至对数周期的大肠埃希氏菌菌液，按最佳感染复数接入噬菌体，30 ℃于培养箱培育 15 min，使噬菌体完全吸附在菌体细胞表面，4 ℃、8000 r/min 离心 10 min，将上清液丢弃。用 2 mL BHI 液体培养基重悬沉淀，重复离心和重悬沉淀步骤 3 次，目的是彻底清除没有吸附上的噬菌体。然后依次等量分装至无菌的离心管中，在 30 ℃，130 r/min 摇床培养，每隔 10 min，经 0.22 μm 针头过滤器过滤后，测定效价。实验重复 3 次。

7.2.7 噬菌体的热稳定性和 pH 稳定性测定

取噬菌体增殖液（10^{10} PFU/mL）于灭菌的离心管中。分别放于 4 ℃、10 ℃、15 ℃、20 ℃、25 ℃、30 ℃、35 ℃、40 ℃、50 ℃、60 ℃、70 ℃、80 ℃恒温环境下孵育，1 h 后，立刻冰浴，测定效价。进行 3 次重复实验。

用 2 mol/L 的 NaOH 和 1 mol/L 的 HCl 将 BHI 液体培养基调至 pH 为 1~14，按 20%加入噬菌体增殖液（10^{10} PFU/mL），30 ℃孵育 1 h，测定效价。进行 3 次重复实验。

7.2.8 噬菌体对氯仿和紫外线的敏感性测定

取 20 mL 噬菌体增殖液（10^{10} PFU/mL）于 50 mL 离心管中，按 1%体积分

数（1:100，体积比）加入氯仿，振荡混匀，通风橱内静置 1 h，同时设置空白对照组。测定噬菌体效价。比较氯仿加入前后噬菌体效价的变化。设 3 组重复实验。

参照蔡俊鹏的方法略加改进，取 5 mL 噬菌体增殖液（10^{10} PFU/mL），将其添加到无菌一次性细菌培养皿中，将培养皿放置在距离紫外线灯 30 cm 的地方，并在不同时间照射。将处理后的样品置于暗处 0.5 h，测定其效价，计算噬菌体活性，每组设置 3 个平行。

7.2.9 噬菌体的体外抑菌实验

为了解大肠埃希氏菌噬菌体体外抑菌的效果，根据 MOI = 10、MOI = 1、MOI = 0.1 和最佳感染复数的比例将噬菌体和宿主细菌添加到 96 孔细胞培养板中，以 100 μL 重悬菌液中添加 100 μL BHI 培养基作为空白对照组，每个组设 6 个重复孔，在 30 ℃培养箱中培养。用酶标仪每隔 1 h 测定 OD_{595} 值，并记录数据。实验进行 3 次重复。

7.2.10 噬菌体对大肠埃希氏菌生物被膜的抑制

参照文献稍加修改，将处于对数周期菌液与噬菌体增殖液按 2:1 的比例混合均匀，用移液枪吸取混合液 200 μL 加入 96 孔细胞培养板中，空白组添加同体积的 BHI 液体培养基，对照组依次加入 100 μL 菌液和 100 μL 培养基。在 30 ℃培养箱中分别培养 12 h、24 h、36 h 和 48 h。然后在相应的时间取出对应的 96 孔细胞培养板移去培养液，用 0.85%（体积分数）生理盐水洗涤 5 次，弃去洗涤液，操作台中无菌干燥 15 min，然后在 60 ℃条件下干燥 15 min；干燥之后，用 0.5% 结晶紫进行染色 20 min，用 0.85% 的 NaCl 洗涤染液 3~5 次，每孔中加入 200 μL 33% 冰乙酸溶解菌膜，酶标仪测定 OD 值。每个样品设置 3 个平行。

活菌计数：将 1 mL 菌液和 0.5 mL 噬菌体增殖液置于 2 mL 经灭菌的离心管中，使用封口膜把离心管密封，放置在 30 ℃培养箱中，分别培养 12 h、24 h、36 h、48 h。混合液在相应时间点时分别移去培养液，用无菌 0.85% NaCl 洗涤 5 次，弃去液体，在超声波清洗机中振荡 5 min，接着在 BHI 固体平板上进行涂布，在 30 ℃培养箱中培养 8~10 h，观察活菌的数量。

7.2.11 数据处理

实验数据采用 SPSS 25.0 统计软件处理（采用 Duncan 检验，$P<0.05$ 为具有统计学意义）。运用 Origin 8.5 软件作图。

7.3 水产品源大肠埃希氏菌噬菌体的生物学特性分析的结果

7.3.1 噬菌体的分离纯化分析

从锦州林西路农贸海鲜综合市场下水道污水中筛选到一株大肠埃希氏菌噬菌体。对噬菌体进行纯化，纯化的结果见图7-1，结果显示噬菌体的噬菌斑透亮、边缘整齐，大小均一、形态一致，直径为 1.54 ~ 1.83 mm，给其命名为 Ec2101。

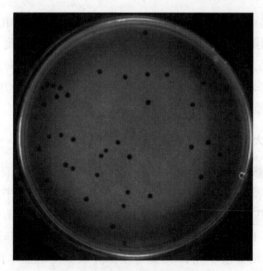

图 7-1　噬菌体 Ec2101 的噬菌斑

7.3.2 噬菌体效价测定分析

纯化后的大肠埃希氏菌噬菌体 Ec2101 采用固体平板法进行增殖。噬菌体增殖液效价用双层平板的方法进行测定。噬菌体 Ec2101 效价是 2.25×10^{10} PFU/mL。

7.3.3 噬菌体常规稀释度的测定分析

常规稀释度的测定结果如图 7-2 所示，结果显示噬菌体 Ec2101 的 RTD 为 10^{-6}。

7.3.4 噬菌体最佳感染复数的测定分析

噬菌体 Ec2101 的最佳感染复数的测定结果见表 7-1，结果显示当 MOI =

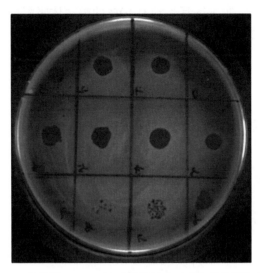

图 7-2 噬菌体 Ec2101 的不同稀释度对宿主菌的裂解能力

0.00001 时，噬菌体 Ec2101 的效价为 1.85×10^{10} PFU/mL，是最高的，所以大肠埃希氏菌噬菌体 Ec2101 的最佳感染复数是 0.00001。

表 7-1 噬菌体 Ec2101 最佳感染复数的测定结果

MOI	细菌数/(CFU · mL⁻¹)	噬菌体数/(PFU · mL⁻¹)	噬菌体效价/(PFU · mL⁻¹)
1000	2.65×10^6	2.90×10^9	4.80×10^7
100	2.65×10^7	2.90×10^9	5.05×10^7
10	2.65×10^8	2.90×10^9	1.28×10^8
1	2.65×10^9	2.90×10^9	1.30×10^9
0.1	2.65×10^9	2.90×10^8	1.32×10^9
0.01	2.65×10^5	2.90×10^7	3.00×10^9
0.001	2.65×10^9	2.90×10^6	6.50×10^9
0.0001	2.65×10^9	2.90×10^5	1.08×10^{10}
0.00001	2.65×10^9	2.90×10^4	1.85×10^{10}
0.000001	2.65×10^9	2.90×10^3	1.36×10^{10}
0.0000001	2.65×10^9	2.90×10^2	1.34×10^{10}
0.00000001	2.65×10^9	29	1.07×10^{10}

7.3.5 噬菌体吸附率的测定分析

由图 7-3 可见，噬菌体 Ec2101 与宿主菌的菌液混合后，85.5%左右的噬菌体可吸附在宿主细胞上，20 min 后，约有 92% 的噬菌体吸附，表明噬菌体 Ec2101 吸附能力较强，同时也说明产生了噬菌体的子代；当时间延长至 30 min 后，游离噬菌体数量增加，说明噬菌体对宿主菌的吸附率开始降低。

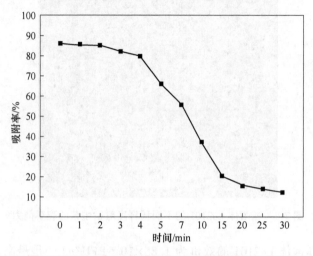

图 7-3　噬菌体 Ec2101 的吸附率

7.3.6　噬菌体的一步生长曲线分析

如图 7-4 所示，噬菌体效价在 20 min 内变化不大。这表明潜伏期约为 20 min；噬菌体效价在感染后 20~110 min 内迅速升高，称之为爆发期；110 min 后进入稳定期，可知裂解期大概为 90 min。根据公式"裂解量=爆发末期噬菌体

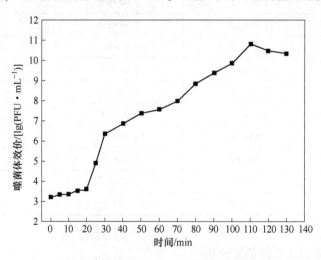

图 7-4　噬菌体 Ec2101 的一步生长曲线

效价（PFU/mL）/感染初期宿主菌浓度（CFU/mL）"，噬菌体裂解量约为
255 PFU/cell，证明这株噬菌体的裂解和复制能力比较强。它的一个裂解周期大
约是 110 min。

7.3.7　噬菌体的热稳定性和 pH 稳定性分析

　　Ec2101 的热稳定性结果见图 7-5，结果显示在 4~60 ℃范围内，噬菌体较稳
定，效价为 10^{10} PFU/mL 左右，70 ℃条件下处理后噬菌体效价迅速下降为
10^3 PFU/mL，经 80 ℃处理后的噬菌体仍然具有一定的活性，证明此噬菌体有一
定的耐热性，但是高温易引起噬菌体失活。

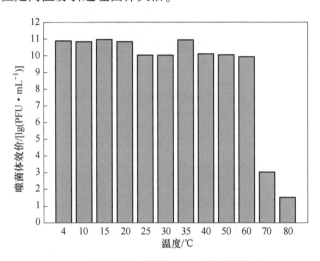

图 7-5　温度对噬菌体 Ec2101 效价的影响

　　不同 pH 条件下的噬菌体 Ec2101 的活性见图 7-6。在不同的 pH 条件下孵育
1 h 后，Ec2101 在 pH=4~12 范围内保持相对稳定的活性，都在 10^9 PFU/mL 以
上，噬菌体效价无明显变化。在 pH=7 时，噬菌体效价最高。随着 pH 的变化，
Ec2101 的效价降低明显，在 pH=1 和 pH=14 时，噬菌体不能生长。这表明噬菌
体 Ec2101 在一定范围内对酸碱有耐受能力。

7.3.8　噬菌体对氯仿和紫外线的敏感性测定分析

　　噬菌体 Ec2101 对氯仿的敏感性测定结果见图 7-7。因氯仿可用于噬菌体
Ec2101 基因组的提取，并且氯仿能够溶解脂溶性物质，为了分析噬菌体中是否
含有脂溶性物质，在基因组提取操作之前，需要对噬菌体进行氯仿敏感性测定。
结果显示，噬菌体 Ec2101 在氯仿作用前后效价变化不大，说明噬菌体对氯仿不
敏感，故氯仿可用于提取噬菌体 Ec2101 基因组。

　　从图 7-8 中可以了解到随着时间的延长，噬菌体 Ec2101 效价呈现出逐渐下

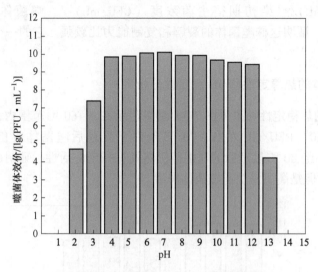

图 7-6 pH 对噬菌体 Ec2101 效价的影响

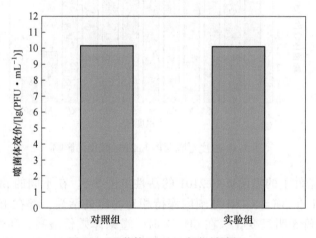

图 7-7 噬菌体 Ec2101 氯仿敏感性

降的趋势。其中，在紫外线照射的 120 min 内，噬菌体效价迅速下降，120 min 后，噬菌体效价的下降趋势开始放缓。由此可以得出结论：噬菌体 Ec2101 在短时间内表现出对紫外线的强抗性，并且随着时间的推移对紫外线的敏感性逐渐降低。

7.3.9 噬菌体的体外抑菌实验结果

把噬菌体 Ec2101 裂解液加到宿主菌液中，在体外模拟 Ec2101 侵入已被宿主菌感染动物的机体系统中，观察噬菌体 Ec2101 的抑菌作用。接种后，观察并记

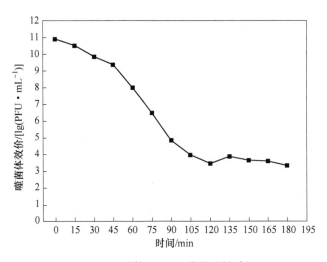

图 7-8 噬菌体 Ec2101 紫外线敏感性

录处理组和对照组中宿主菌浓度的变化，见图 7-9。阳性对照曲线呈现上升趋势，OD_{595}值不断增大，13 h 时 OD_{595} 达到 0.725。实验组中，噬菌体和宿主菌混合后，显著推迟了宿主菌迟滞期的到来，3 h 以内宿主菌的 OD_{595} 基本维持在 0.15以下，不同的 MOI 在相应时间内出现了不同程度的浓度的回落。之后有小幅上升，12 h 后趋于平衡。13 h 时噬菌体的 OD_{595} 在 0.262~0.345 范围内。同对照组相比，噬菌体处理组宿主菌增殖率恢复缓慢。可以得出噬菌体 Ec2101 能显著抑制宿主菌的增殖，延缓其快速生长期，表明该噬菌体具有良好的抗菌作用。

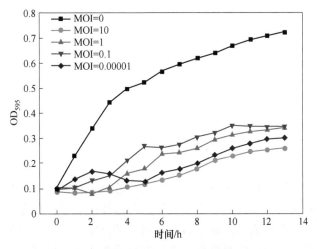

图 7-9 噬菌体 Ec2101 的体外抑菌实验曲线

7.3.10　噬菌体对大肠埃希氏菌生物被膜的抑制效果

噬菌体 Ec2101 对大肠埃希氏菌生物被膜的抑制效果见图 7-10，在 4 个时间点，随着时间的延长，空白对照组的 OD_{595} 值保持在 0.054 左右；大肠埃希氏菌（控制组）的 OD_{595} 值增加，48 h 时达到 1.458 左右；添加噬菌体 Ec2101 的实验组的 OD_{595} 值均在 0.5 以下，抑制率范围在 66.5%~77.2%，说明噬菌体可以抑制大肠埃希氏菌形成的菌膜。活菌计数结果显示：噬菌体组平板上菌含量为 1.25×10^3 CFU/mL，控制组菌落数约趋向于 10^9 CFU/mL。

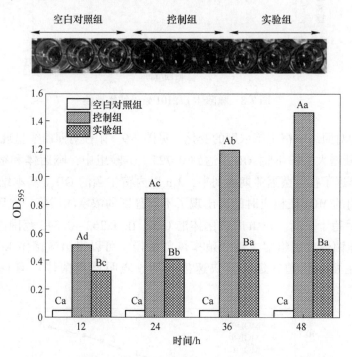

图 7-10　噬菌体 Ec2101 对大肠埃希氏菌生物被膜的抑制效果
（大写字母 A~C 表示组间的差异性，小写字母 a~d 表示组内的差异性；$P<0.05$）

7.4　讨　论

抗菌药物是一种针对细菌的某些生理过程进行选择性破坏的化学物质，可以针对细胞壁合成或蛋白质合成等生理过程进行选择性破坏，噬菌体则是对病原菌进行特异性结合而将其杀灭。对于病原菌周围的微生物菌群的影响，噬菌体要比抗菌药物小得多。对于一些对抗菌药物具有耐药性的细菌仍可以选择性杀灭，因为噬菌体能够特异性结合细菌，并不会因为细菌具有耐药性而有任何影响。甚至部分耐药性的细菌比没有耐药性的细菌更容易被噬菌体杀灭，例如具有耐药性的鲍曼不动杆菌相比于对抗菌药物敏感的细菌更容易被噬菌体杀灭。在从环境的污水样品分离噬菌体的过程中，可能会出现由于噬菌体数量较少难以被发现的情况，可以在分离前先加入一定浓度的 Ca^{2+}，对噬菌体的吸附和裂解起到促进作用，有利于提高噬菌体的检出率。然后使用双层平板法，通过观察噬菌斑的有无来确定噬菌体是否存在。

本书从锦州林西路农贸海鲜综合市场下水道污水中分离的噬菌体在双层板上形成了中心透亮、边缘清晰的噬菌斑。噬菌体独特的生物学特性决定了其潜在应用价值。因此，从两个方面设计了噬菌体 Ec2101 生物学特性评价体系：第一部分探讨了与噬菌体增殖相关的培养条件，如效价、感染复数、一步生长曲线等。第二部分研究了一般裂解效价情况下噬菌体对生存环境因素如温度、pH、紫外线和氯仿的耐受能力。最佳感染复数对烈性噬菌体来说有着重要意义，这一生物学指标指噬菌体感染宿主菌时让子代噬菌体的裂解率达到最大时的感染比例。一步生长曲线是一种直接的噬菌体应用潜力评价指标，同噬菌体本身的裂解效率和裂解量相结合，可大致了解噬菌体的扩增特性。噬菌体具有高效价，表明它们可能具有高抗菌作用。噬菌体 EC2101 的最佳感染复数是 0.00001，为大规模制备噬菌体获得高效价噬菌体悬液提供了数据支持。潜伏期约为 20 min，裂解期大概为 90 min，裂解量达 255 PFU/cell。而 Park 等分离得到的噬菌体 SFP10 能抑制大肠埃希氏菌 O157：H7 和鼠伤寒沙门氏菌，其潜伏期大约为 25 min，爆发期为 15 min 左右。付丽娜等将分离得到的肠毒性大肠埃希氏菌噬菌体 PES-1 和 PES-2 混合，制成了一种混合制剂，潜伏期为 20 min 左右、裂解时间约为 50 min、裂解量约为 200 PFU/cell。可见，噬菌体 EC2101 是一个潜伏期短、裂解量大的噬菌体。有研究表明潜伏期短和裂解量大的噬菌体是比较理想的选择。温度和 pH 是影响噬菌体活性的关键因素，Ec2101 在较为广泛的温度区间内能保持较高的活性。70 ℃孵育 1 h，效价才出现明显下降趋势，且有较好的 pH 稳定性，pH＝4～12 区间内能保持较好的活性，这与文献的结果相似。李旭等所筛选的大肠埃希氏菌噬菌体 ZG49 和 Ec2101 的 pH 耐受范围较为相似，但其耐热性较差，60 ℃处理30 min便出现了严重失活。对紫外线较为敏感，在自然环境中噬菌体能较好存活，可经紫外线近距离长时间照射、高温高压或强酸强碱浸泡来杀灭噬菌体以防止污染。综上所述，噬菌体 Ec2101 是一株潜伏期较短、裂解量较大、耐受范围较广的裂解性噬菌体，虽然其裂解期较长，但较大的裂解量以及较短的潜伏期使得此短板得到了一定程度的弥补。

为了更加直观地对其抑菌能力进行评价，在了解 Ec2101 生长特性的基础上，由体外抑菌实验对噬菌体的抑菌效果进行了测试。通过接种宿主菌和噬菌体，模拟了裂解液效价水平的噬菌体在低环境抗性下对宿主菌增殖的干预作用。根据实验结果，噬菌体进入宿主增殖环境后，宿主菌的滞后期明显延长，且宿主菌在3 h 以内出现增殖滞缓，推测 Ec2101 在初次爆发结束后，对宿主菌的浓度造成了严重影响。不同的 MOI 在相应时间内出现了不同程度的浓度回落。之后有小幅上升，12 h 后趋于平衡。推测 Ec2101 在宿主菌进入增殖初期时，极大地控制了宿主菌的扩张，使宿主菌的生长环境抗性增强，数量在感染浓度以下时被迫停止。随着噬菌体的增殖，宿主菌的效价逐渐下降，对噬菌体敏感的细菌急剧减少；接着，噬菌体效价趋于稳定，说明噬菌体的抑菌效果好。结合各个感染复数的抑菌效果，以及经济方面考虑，在最佳感染复数处，抑菌效果最佳。

促使细菌产生耐药性的重要因素之一是细菌生物被膜，其给耐药菌感染的抗菌药物治疗带来了极大困难。EPS 包裹细菌表面，形成了致密的结构群落，通常依附在机体腔或者生物材料表面。细菌耐药性增强的原因可能有：细菌密度增加、生物被膜的黏多糖屏障、代谢活性降低、生理功能改变、生长减缓、对抗菌药物的敏感性降低以及抗性基因的水平基因转移等。与浮游细菌相比，生物被膜中的细菌对抗菌药物的耐药性增加了 1000 倍。有研究表明，无论是在体内还是体外，部分全噬菌体制剂均对细菌生物被膜有降解效果。Poonacha 等的研究表明，溶素 P128 不仅可降解宿主菌的生物被膜，而且能杀死膜里的细菌。钱新杰等分离的噬菌体 PNJ1809-13 和 PNJ1809-13 对生物被膜的抑制率分别为 78% 和30%。本书中，经噬菌体处理 48 h 后，抑制率的范围在 66.5%~77.2%，这与噬菌体 PNJ1809-13 对生物被膜的抑制率相似。实验结果初步证明，噬菌体能够抑制生物被膜的形成，但其具体抑制生物被膜的机制仍待探究。有研究表明噬菌体可以抑制细菌生物被膜形成，进而控制生物被膜相关感染。进一步研究的前提和基础是噬菌体的分离纯化及其生物学特性的测定，能为保障噬菌体更好发挥效能奠定基础。

参 考 文 献

［1］ ABO-AMER A E, SHOBRAK M Y, ALTALHI A D. Isolation and antimicrobial resistance of *Escherichia coli* isolated from farm chickens in Taif, Saudi Arabia ［J］. Journal of Global Antimicrobial Resistance Resist, 2018, 15: 65-68.

［2］ AL-WRAFY F, BRZOZOWSKA E, GÓRSKA S, et al. Pathogenic factors of *Pseudomonas aeruginosa*—The role of biofilm in pathogenicity and as a target for phage therapy ［J］. Postepy Higieny i Medycyny Doswiadczalnej (Online), 2017, 71: 78-91.

［3］ ALISKY J, ICZKOWSKI K, RAPOPORT A, et al. Bacteriophages show promise as antimicrobial agents ［J］. Journal of Infection, 1998, 36 (1): 5-15.

［4］ ALLEN R C, PFRUNDER-CARDOZO K R, MEINEL D, et al. Associations among antibiotic and phage resistance phenotypes in natural and clinical *Escherichia coli* isolates ［J］. mBio, 2017, 8 (5): e01341-17.

[5] AMANATIDOU E, MATTHEWS A C, KUHLICKE U, et al. Biofilms facilitate cheating and social exploitation of β-lactam resistance in *Escherichia coli* [J]. NPJ Biofilms Microbiomes, 2019, 5 (1): 36.

[6] BRUCKBAUER S T, TRIMARCO J D, MARTIN J, et al. Experimental evolution of extreme resistance to ionizing radiation in *Escherichia coli* after 50 cycles of selection [J]. Journal of Bacteriology, 2019, 201 (8): e00784-18.

[7] CANCHAYA C, FOURNOUS G, CHIBANI-CHENNOUFI S, et al. Phage as agents of lateral gene transfer [J]. Current Opinion in Microbiology, 2003, 6 (4): 417-424.

[8] CHEN L K, KUO S C, CHANG K C, et al. Clinical Antibiotic-resistant *Acinetobacter baumannii* strains with higher susceptibility to environmental phages than antibiotic-sensitive strains [J]. Scientific Reports, 2017, 7 (1): 6319.

[9] CRETTELS L, BURLION N, HABETS A, et al. Exploring the presence, genomic traits, and pathogenic potential of extended spectrum β-lactamase *Escherichia coli* in freshwater, wastewater, and hospital effluents [J/OL]. Journal of Applied Microbiology, 2024. [2024-06-26]. https://doi.org/10.1093/jambio/lxae144.

[10] DA SILVA DUARTE V, DIAS R S, KROPINSKI A M, et al. A T4 virus prevents biofilm formation by *Trueperella pyogenes* [J]. Veterinary Microbiology, 2018, 218: 45-51.

[11] DA SILVA G J, MENDONÇA N. Association between antimicrobial resistance and virulence in *Escherichia coli* [J]. Virulence, 2012, 3 (1): 18-28.

[12] DAS T, ISLAM M Z, RANA E A, et al. Abundance of mobilized colistin resistance gene (*mcr-1*) in commensal *Escherichia coli* from diverse sources [J]. Microbial Drug Resistance, 2021, 27 (11): 1585-1593.

[13] ENDERSEN L, BUTTIMER C, NEVIN E, et al. Investigating the biocontrol and anti-biofilm potential of a three phage cocktail against *Cronobacter sakazakii* in different brands of infant formula [J]. International Journal of Food Microbiology, 2017, 253: 1-11.

[14] GREGOVA G, KMET V. Antibiotic resistance and virulence of *Escherichia coli* strains isolated from animal rendering plant [J]. Scientific Reports, 2020, 10 (1): 17108.

[15] GUENTHER S, GROBBEL M, LÜBKE-BECKER A, et al. Antimicrobial resistance profiles of *Escherichia coli* from common European wild bird species [J]. Veterinary Microbiology, 2010, 144 (1/2): 219-225.

[16] HATFULL G F, HENDRIX R W. Bacteriophages and their genomes [J]. Current Opinion in Virology, 2011, 1 (4): 298-303.

[17] HOLKO I, DOLEŽALOVÁ M, PAVLÍČKOVÁ S, et al. Antimicrobial-resistance in *Escherichia coli* isolated from wild pheasants (*Phasianus colchicus*) [J]. Veterinaria Italiana, 2019, 55 (2): 169-172.

[18] IEVY S, HOQUE M N, ISLAM M S, et al. Genomic characteristics, virulence, and antimicrobial resistance in avian pathogenic *Escherichia coli* MTR_BAU02 strain isolated from layer farm in Bangladesh [J]. Journal of Global Antimicrobial Resistance, 2022, 30: 155-162.

[19] KONG H, HONG X, LI X. Current perspectivesin pathogenesis and antimicrobial resistance of

enteroaggregative *Escherichia coli* [J]. Microbial Pathogenesis, 2015, 85: 44-49.

[20] LE S, HE X, TAN Y, et al. Mapping the tail fiber as the receptor binding protein responsible for differential host specificity of *Pseudomonas aeruginosa* bacteriophages PaP1 and JG004 [J]. PLoS One, 2013, 8 (7): e68562.

[21] LI X, MOWLABOCCUS S, JACKSON B, et al. Antimicrobial resistance among clinically significant bacteria in wildlife: An overlooked one health concern [J/OL]. International Journal of Antimicrobial Agents, 2024. [2024-06-26]. https://doi.org/10.13982/j.mfst.1673-9078.2024.9.1146.

[22] LI X, ZHANG Z, CHANG X, et al. Disruption of blood-brain barrier by an *Escherichia coli* isolated from canine septicemia and meningoencephalitis [J]. Comparative Immunology Microbiology and Infectious Diseases, 2019, 63: 44-50.

[23] MAH T F, O'TOOLE G A. Mechanisms of biofilm resistance to antimicrobial agents [J]. Trends in Microbiology, 2001, 9 (1): 34-39.

[24] MBATIDDE I, NDOBOLI D, AYEBARE D, et al. Antimicrobial use and antimicrobial resistance in *Escherichia coli* in semi-intensive and free-range poultry farms in Uganda [J]. One Health, 2024, 18: 100762.

[25] MOELLING K, BROECKER F, WILLY C. A wake-up call: We need phage therapy now [J]. Viruses, 2018, 10 (12): 688.

[26] NOFOUZI K, SHEIKHZADEH N, HAMIDIAN G, et al. Growth performance, mucosal immunity and disease resistance in goldfish (*Carassius auratus*) orally administered with *Escherichia coli* strain Nissle 1917 [J/OL]. Fish Physiology and Biochemistry, 2024. [2024-06-26]. https://doi.org/10.1007/s10695-024-01366-x.

[27] PAITAN Y. Current trends in antimicrobial resistance of *Escherichia coli* [J]. Current Topics in Microbiology and Immunology, 2018, 416: 181-211.

[28] PARK M, LEE J H, SHIN H, et al. Characterization and comparative genomic analysis of a novel bacteriophage, SFP10, simultaneously inhibiting both *Salmonella enterica* and *Escherichia coli* O157: H7 [J]. Applied and Environmental Microbiology, 2012, 78 (1): 58-69.

[29] QU Y, LI R, JIANG M, et al. Sucralose increases antimicrobial resistance and stimulates recovery of *Escherichia coli* mutants [J]. Current Microbiology, 2017, 74 (7): 885-888.

[30] SAMIR S. Bacteriophages as therapeutic agents: Alternatives to antibiotics [J]. Recent Patents on Biotechnology, 2021, 15 (1): 25-33.

[31] WÓJCICKI M, ŚREDNICKA P, BŁAŻEJAK S, et al. Characterization and genome study of novel lytic bacteriophages against prevailing saprophytic bacterial microflora of minimally processed plant-based food products [J]. International Journal of Molecular Sciences, 2021, 22 (22): 12460.

[32] XIA C, YAN R, LIU C, et al. Epidemiological and genomic characteristics of global bla_{NDM}-carrying *Escherichia coli* [J]. Annals of Clinical Microbiology and Antimicrobials Antimicrob, 2024, 23 (1): 58.

[33] 蔡俊鹏, 孙丽滢. 深圳赤潮中霍乱弧菌噬菌体的分离筛选及生物学特性分析 [J]. 微生

物学通报，2010，37（1）：12-18.

[34] 陈靖宇．一例猪大肠杆菌病的防治［J］．畜牧兽医科技信息，2019（1）：101-102.

[35] 陈朴然，符翔，郭志强，等．噬菌体的特性及其在动物生产中的应用［J］．动物营养学报，2023，35（9）：5589-5597.

[36] 陈婉花．Ⅰ类整合子与大肠埃希氏菌多重耐药性的研究［D］．福建：福建医科大学，2007.

[37] 陈义宝，孙二超，杨澜，等．产志贺毒素大肠杆菌噬菌体 vB_EcoM_PHB05 的生物学特性及全基因组分析［J］．中国兽医科学，2018，48（4）：428-437.

[38] 付丽娜．猪源肠产毒性大肠杆菌及其噬菌体的分离和生物学特性研究［D］．大连：大连理工大学，2017.

[39] 黄士轩，朱斌，何嘉欣，等．噬菌体分类学技术进展［J/OL］．现代食品科技，1-13.［2024-06-26］．https：//doi.org/10.13982/j.mfst.1673-9078.2024.9.1146.

[40] 黄远斌，张淑红，杨广珠，等．一株新现食源性多重耐药非典型肠致病大肠杆菌特征分析［J/OL］．现代食品科技，1-12.［2024-06-26］．https：//doi.org/10.13982/j.mfst.1673-9078.2024.6.0692.

[41] 李丹．辽宁部分地区鸡源大肠埃希氏菌分离株毒力基因检测与耐药性分析［D］．沈阳：沈阳农业大学，2020.

[42] 李海利，徐引弟，王治方，等．一株多重耐药大肠杆菌全基因组测序及其耐药性分析［J］．中国农业科技导报，2024，26（6）：113-121.

[43] 李虎良，张蕾．抗生素耐药性的分子机制及抑菌策略［J/OL］．中国生物化学与分子生物学报，1-15.［2024-06-26］．https：//doi.org/10.13865/j.cnki.cjbmb.2024.01.1365.

[44] 李嗣源，赵婷婷，陈羽翔，等．噬菌体疗法及其在畜禽养殖过程中的应用［J］．山东畜牧兽医，2024，45（4）：87-89.

[45] 李旭．T7 噬菌体新成员——大肠埃希菌噬菌体 ZG49 的分离鉴定［D］．长春：吉林大学，2017.

[46] 李忆博，刘桢，罗文欣，等．噬菌体在口腔医学领域的应用研究进展［J］．中国实用口腔科杂志，2023，16（5）：630-634.

[47] 梁其冰，冯春艳，谢作蓉，等．KB 法和 VITEK2 法检测 108 株大肠埃希氏菌 18 种抗生素耐药表型的一致性研究［J］．食品安全质量检测学报，2024，15（10）：31-38.

[48] 刘小波．食源性大肠杆菌耐药基因的鉴定及传播机制研究［D］．陕西：西北农林科技大学，2018.

[49] 钱新杰，李一昊，曾颀，等．EAEC 噬菌体 PNJ1809-11 和 PNJ1809-13 作为环境消毒剂的杀菌效果评估［J］．微生物学报，2021，61（7）：2018-2034.

[50] 杨敏，周静茹，李琴，等．铜绿假单胞菌噬菌体的分离及其裂解谱的测定与分析［J］．医学动物防制，2020，36（1）：56-58.